"科学就在你身边"系列

走进诺贝尔奖名人堂
——与物理学对话

总 主 编　杨广军
副总主编　朱焯炜　章振华　张兴娟
　　　　　胡　俊　黄晓春　徐永存
本 册 主 编　朱焯炜
本册副主编　陈炜峰　马春朋　肖　寒

上海科学普及出版社

图书在版编目（CIP）数据

走进诺贝尔奖名人堂：与物理学对话/杨广军主编.—上海：
上海科学普及出版社，2014
（科学就在你身边）
ISBN 978-7-5427-5912-2

Ⅰ.①走… Ⅱ.①与… Ⅲ.①物理学–普及读物
Ⅳ.①O4-49

中国版本图书馆 CIP 数据核字(2013)第 252392 号

组　　稿　胡名正　徐丽萍
责任编辑　李　蕾
统　　筹　刘湘雯

"科学就在你身边"系列
走进诺贝尔奖名人堂
——与物理学对话
总主编　杨广军
副总主编　朱焯炜　章振华　张兴娟
　　　　　胡　俊　黄晓春　徐永存
本册主编　朱焯炜
本册副主编　陈炜峰　马春朋　肖　寒
上海科学普及出版社出版发行
（上海中山北路 832 号　邮政编码 200070）
www.pspsh.com

各地新华书店经销　北京昌平新兴胶印厂
开本 787×1092　1/16　印张 15　字数 230 000
2014 年 1 月第 1 版　2014 年 1 月第 1 次印刷

ISBN 978-7-5427-5912-2　　定价：29.80 元

卷首语

你知道吗？从 X 射线透视到光纤通信，从液晶显示到数码相机，这些看似司空见惯的应用技术都曾经获得了分量最重的奖项——诺贝尔物理学奖。

你知道吗？正是一代又一代、一位又一位的物理学家的聪明才智和辛勤汗水影响、改变着我们的生活。正是因为他们，我们的生活才会变得如此多姿多彩。让我们记住他们的名字吧：伦琴、爱因斯坦、巴丁、高锟……他们永远是我们学习的榜样。

来吧，让我们一同推开神圣的诺贝尔奖之门，与物理学对话，分享科学巨匠们获得成功时的喜悦，感受他们遇到挫折时的坚韧，使内心的人生之灯、希望之火在我们前行的路上照得更明亮、更耀眼吧！

目 录

从实验室走进社会——改变生活的物理学

沟通无极限——无线电通信的发展 ……………………… (3)
火眼金睛——全息照相术 ………………………………… (8)
一切尽在掌握之中——从晶体管到集成电路 …………… (14)
用光纤牵动世界神经——高锟痴梦成真 ………………… (23)
数字成像领域的贡献——CCD 传感器 …………………… (29)
用光打造一把利刃——激光 ……………………………… (35)
打开微观世界之门——显微术的发展 …………………… (42)
诺贝尔奖的宠儿——超导技术 …………………………… (50)
从天然放射性物质到原子弹——几代物理人的努力 …… (63)
平板电视的思考——液晶技术 …………………………… (73)
电脑硬盘的革命——巨磁电阻 …………………………… (78)

小心翼翼的追寻——基本粒子面面观

第一个粒子的发现——电子纪元的开创者 ……………… (85)

走进诺贝尔奖名人堂

来自脑海中的灵感——云室的发明和改进 ………………………… (89)
对称的美——反粒子的发现 ………………………………………… (94)
打开原子核的大门——中子的发现 ………………………………… (102)
奇妙的现象——中子散射的妙用 …………………………………… (106)
旋转中的能量——回旋加速器的身世 ……………………………… (114)
量身定做的容器——形形色色的探测器 …………………………… (119)
预言成为现实——捕捉到π介子 …………………………………… (125)
难以理解的粒子——J/Ψ粒子和中间玻色子 ……………………… (131)
不同寻常的粒子——从夸克谈起 …………………………………… (136)

严谨的科学艺术品——测量与检测技术

绝妙的艺术品——迈克耳孙干涉仪 ………………………………… (143)
检测技术的革命——光散射和拉曼效应 …………………………… (146)
最准的时钟——时间的精确计量 …………………………………… (150)
微观世界的抓捕——俘获自由原子历程 …………………………… (154)
穿越晶体的秘密射线——X射线趣谈 ……………………………… (159)
是偶然还是必然——穆斯堡尔博士的回忆 ………………………… (164)
二度垂青的荣耀——霍尔效应 ……………………………………… (167)

微观拍案惊奇——物理的完美与缺陷

太空中的一朵乌云——量子论的诞生 ……………………………… (177)
经典理论的尴尬——原子理论及其实验验证 ……………………… (182)
波与粒子的争论——波粒二象性 …………………………………… (184)
群星荟萃的时代——量子力学的创立 ……………………………… (189)
超越诺贝尔的成就——个性独特的泡利 …………………………… (195)

目 录

华人的骄傲——守恒是相对的 …………………………………（198）

冰山一角的收获——天体的奥秘

捕捉宇宙中的信息——射电望远镜 ……………………………（203）
追寻天体的轨迹——脉冲星的发现 ……………………………（207）
强大的引力波——脉冲双星和引力辐射 ………………………（210）
宇宙大爆炸的证据——微波背景辐射 …………………………（213）
太阳的一生——恒星的结构和演化 ……………………………（218）
太空中的法则——宇宙磁流体力学 ……………………………（221）
营养丰富的太空——宇宙化学元素合成 ………………………（224）
挖地三尺的决心——宇宙中微子的捕获 ………………………（227）
天外神秘来客——宇宙 X 射线源 ………………………………（230）

与物理学对话

从实验室走进社会

——改变生活的物理学

诺贝尔物理学奖是硝化甘油炸药发明人——诺贝尔在遗嘱中提到的五大奖励领域之一。诺贝尔在遗嘱中说奖金的一部分应颁给"在物理学领域有最重要的发现或发明的人"。

诺贝尔物理学奖对自然科学的发展产生了巨大影响。诺贝尔物理学奖在全世界获得的崇高声誉极大地推动了科学研究的发展,也极大地弘扬了科学精神,使科学更广泛地得到普及。激光二极管开始用于光纤通信和光学存储(CD、DVD),同时,激光打印机、条形码读码器、交通指示灯、汽车灯等许多方面的工业应用都得益于光电子学的发展。集成电路成了人们生活的一部分,在我们所用的电器中得到了广泛的应用,电脑、电视、手机、摄像机……只要我们能说出名来的,几乎都能看到集成电路的身影。

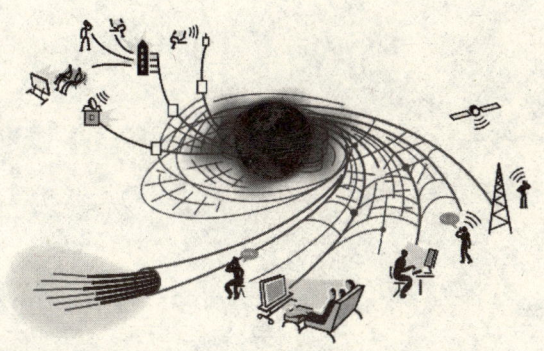

从实验室走进社会——改变生活的物理学

沟通无极限——无线电通信的发展

1909年诺贝尔物理学奖授予英国伦敦马可尼无线电报公司的意大利物理学家马可尼和德国阿尔萨斯州斯特拉斯堡大学的布劳恩,以承认他们在发展无线电报上所作的贡献。无线技术给人们带来的影响是无可争议的。现在,无线电技术应用在各行各业,卫星、航海、气象、军事都广泛应用无线电,马可尼在无线电技术上的伟大贡献改变了电信的历史,为人类的进步与发展开拓了一条金光大道。

◆无线通信让地球变得更小

与物理学对话

G·马可尼——无线电报之父

G·马可尼1874年4月25日出生于意大利。1894年,20岁的马可尼从杂志上读到悼念赫兹的文章和他生前的感人事迹,受到极大启发:"如果利用赫兹发现的电磁波,不需要导线也可以实现远距离通信了"。马可尼为自己的大胆设想所激动,他立下宏愿,决心开拓无线电通信事业,把赫兹的研究成果付诸实际应用。

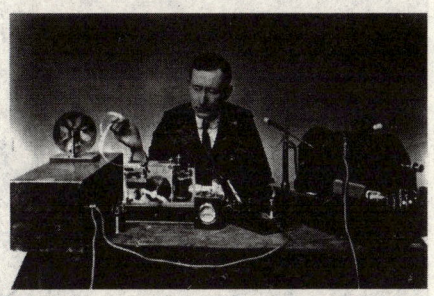

◆意大利著名的物理学家和工程师——马可尼

"科学就在你身边"系列

走进诺贝尔奖名人堂

万花筒

幸运的马可尼

在马可尼和布劳恩之前,已经有多起利用电磁波传递信息的尝试。俄国的波波夫还公开演示过他的无线电收发报机,但没有得到应有的支持。而马可尼比较幸运,他的发明及时地得到了英国官方的支持。

在家人的支持下,马可尼就在自己家中进行实验,他用赫兹的火花放电器作发射机,用布朗利的金属粉末检波器作接收机,经过一个多月的努力,终于完成了电磁波的发送和接收实验,并在实验中发现,利用天线可使发射距离增加。1896年,马可尼回到他母亲的故乡英国。他在英国不仅得到了无线电通信发明专利,而且受到学术界的高度重视。

1897年5月18日,马可尼进行横跨布里斯托尔海峡的无线电通信取得成功,通信距离为14千米。1897年,马可尼在伦敦设立了马可尼无线电报通信有限公司,从事无线电报的研发工作。但是由于人们对无线电报的怀疑,公司举步艰难。该公司于1900年成为马可尼无线电报有限公司。

1900年10月,他在英国普耳杜建立一座大功率发射台,采用10千瓦的音响火花式电报发射机。

1901年12月,马可尼在加拿大纽芬兰市的圣约翰斯港通过风筝牵引的天线,成功地接收到普耳杜电台发来的电报。完成了自英国到加拿大,横越大西洋的无线电通信实验,并取得圆满成功。马可尼的成功在世界各地引起巨大的轰动,推动无线电通信走向了全面实用的阶段。

到了1909年无线电报已经在通信事业上大显身手。在这以后许多国家的军事要塞、海港船舰大都装备有无线电设备,无线电报成了

◆1901年马可尼进行首次跨大西洋无线电报试验的接收点——圣约翰斯港

从实验室走进社会——改变生活的物理学

全球性的事业,因此,马可尼和布劳恩获得了诺贝尔物理学奖。

小知识

现在,我们每天上下学的时候坐在车中听到的广播,手中使用的移动电话,都是无线电波帮助我们实现的远距离通信,无需电线连接,方便快捷。

名人介绍——布劳恩的贡献

德国著名的物理学家布劳恩的最重要的研究工作是在电学方面。他发表过关于欧姆定律的偏差问题,以及关于从热源计算可逆伽伐尼电池的电动势问题的文章。他的实验使他发明了现在所谓的布劳恩静电计,并在1897年设计了阴极射线示波器。

1898年他开始从事无线电报的研究,试图以高频电流将莫尔斯码信号经过水的传播发送。后来他又把闭合振荡电路应用于无线电电报,而且是第一个使电波沿确定方向发射的试验者之一。1902年他成功地用定向天线系统接收到了定向发射的信号。

◆德国著名的物理学家布劳恩

阿普尔顿与电离层

电离层是地球大气层中的一个电离区域。由于受地球以外射线(主要是太阳辐射)对中性原子和空气分子的电离作用,距地表50千米以上的大

走进诺贝尔奖名人堂

◆英国物理学家阿普尔顿

气层处于部分电离或完全电离的状态，其中存在相当多的自由电子和离子。

1896年，意大利青年马可尼发明了无线电。1901年，跨越大西洋的无线电通信开通了。人们在猜想，无线电波是如何绕地球弯曲的表面传播的？许多科学家认为在高空可能存在一个导电的电离层，它使无线电波在地面和电离层之间多次被反射，沿大地曲率传播。但科学家们多年未能找到这个高空电离层。

1924年12月11日，英国物理学家阿普尔顿（1892～1965年）利用新英国广播公司设在波内茅斯的发射台以恒定的速率发射周期性变频信号，在牛津接收站接收到的信号显示距地面90千米处存在一个反射层。据此，证实了电离层的存在。后来，阿普尔顿又发现：根据自由电子、离子的不同浓度及对电磁波反射的不同效果，电离层在垂直方向上呈分层结构。1947年诺贝尔物理学奖授予英国林顿科学与工业研究部的阿普尔顿，以表彰他对大气层物理的研究，特别是发现了所谓的阿普尔顿层。

知识库
电离层的作用

电离层是从离地面约50km开始一直伸展到约1000km高度的地球高层大气空域，其中存在相当多的自由电子和离子，能使无线电波改变传播速度，发生折射、反射和散射，产生极化面的旋转并受到不同程度的吸收。

电离层的发现，不仅使人们对无线电波传播的各种机制有了更深入的认识，并且对地球大气层的结构及形成机制有了更清晰的了解。电离层作为一种传播介质使电波受折射、反射、散射并被吸收而损失部分能量于传播介质中。其中，3兆～30兆赫为短波段，它是实现电离层远距离通信和广播的最适当波段，在正常的电离层状态下，它正好对应于最低可用频率和最高可用频率之间。但由于多径效应，信号衰落较大；电离层磁暴和电从实验室走进社会——改变生活的物理学

离层突然骚扰，对电离层通信和广播可能造成严重影响，甚至信号中断。300千赫至3兆赫为中波段。300千赫以下为长波段。

 **小知识——影响电离层的因素**

所有影响电离层稳定的因素都会影响短波电波的传送。比如太阳黑子的活动就对短波通信影响极大，太阳黑子爆发时，电离层会发生磁暴现象，严重时会导致短波通信完全中断。季节变迁对电离层也有一定的影响。在冬季，电离层受太阳辐射减低，尤其是在夜间，必须用较低的频率发射才能把电波传送到目的地。因为晚间电离层受太阳辐射少而变薄，这时高频的电波就会穿出电离层。由于这个原因，世界各大广播电台都会按季节调整广播频率。

走进诺贝尔奖名人堂

火眼金睛——全息照相术

◆全息防伪技术

清朝时候，有个姓汪的官员，乘马车走在一处河堤上，忽然阴云密布。汪某急忙停下躲避。雨过天晴，汪某下车方便，回头时看见车窗内有个人影。揭开车帘看，车厢里无人，仔细审视，原来人影是在车玻璃上。回家后，人影依然不散，家人都以为神异，就把这块玻璃取下供奉起来。二十几年后，汪家的儿童用弓箭游戏，打碎了玻璃。奇怪的是，每一块碎片上的影像仍然是完整的。

姚元之生在清代嘉庆、道光两朝。囿于当时认识水平，姚元之把这一奇异现象解释为在雷雨时刻，一位避劫的仙灵精气聚合不散，附着在玻璃上而形成。现代全息技术的发展，揭示了它的奥秘。我们将在本专题中，介绍全息照片之谜。

什么是激光全息？

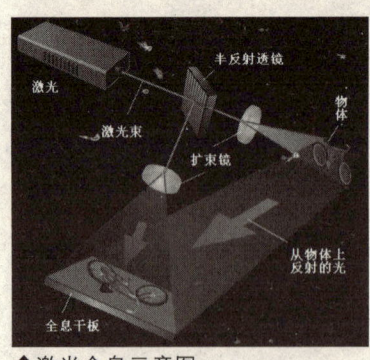

◆激光全息示意图

1947年，伽柏在从事提高电子显微镜分辨本领的工作时，提出了全息术的设想并用以提高电子显微镜的分辨本领。这是一种全新的两步无透镜成像法，也称为波阵面再现术。利用双光束干涉原理，产生干涉图样即可把位相"合并"上去，从而用感光底片能同时记录下位相和振幅，就可以获得全息图像。

但是，全息照相是根据干涉法原理拍

从实验室走进社会——改变生活的物理学

摄的，须用高密度（分辨率）感光底片记录。由于普通光源单色性不好，相干性差，因而全息技术发展缓慢，很难拍出像样的全息图。我们在拍摄全息照片时，对应的拍摄设备并不是普通照相机，而是一台激光器。该激光器产生的激光束被分光镜一分为二，其中一束被命名为"物光束"，直接照射到被拍摄的物体上，另一束则被称为"参考光

◆伽柏因发明和发展全息照相法，获得了1971年度诺贝尔物理学奖

束"，直接照射到感光胶片上。当物光束照射到所摄物体之后，形成的反射光束同样会照射到胶片上，此时物体的完整信息就能被胶片记录下来，全息照相的摄制过程就这样完成了。伽柏因发明和发展全息照相法，获得了1971年度诺贝尔物理学奖。

三维立体的全息照片

20世纪70年代末期，人们发现全息图片具有包括三维信息的表面结构（即纵横交错的干涉条纹），这种结构是可以转移到高密度感光底片等材料上去的。

1980年，美国科学家利用压印全息技术，将全息表面结构转移到聚酯薄膜上，从而成功地印制出世界上第一张模压全息图片。这种激光全息图片又称彩虹全息图片，它是通过激光制版，将影像制作在塑料薄膜上，产生五光十色的衍射效果，并使图片具有二维、三维空间感，在普通光线下，隐

◆立体的全息照相

走进诺贝尔奖名人堂

藏的图像、信息会重现。当光线从某一特定角度照射时,又会出现新的图像。这种模压全息图片可以像印刷一样大批量快速复制,成本较低,且可以与各类印刷品相结合使用。至此,全息摄影向社会应用迈出了决定性的一步。

讲解——全息照相与普通照相有何不同?

普通照相是运用几何光学中透镜成像原理,仅记录了物光中的振幅信息,不能反映光波中的位相信息,所以普通照片上物体没有立体感。

全息照片和普通照片截然不同。用肉眼去看,全息照片上只有些乱七八糟的条纹。可是若用一束激光去照射该照片,眼前就会出现逼真的立体景物。更奇妙的是,从不同的角度去观察,就可以看到原来物体的不同侧面。而且,如果不小心把全息照片弄碎了,那也没有关系。随意拿起其中的一小块碎片,用同样的方法观察,原来的被摄物体仍然能完整无缺地显示出来。

◆英国女王普通照片图

◆英国女王全息照片图

从实验室走进社会——改变生活的物理学

火眼金睛——全息防伪

早期的激光全息照片只能激光再现，即要想观察激光全息照片只能用激光器作光源以一定角度照射全息照片才能观察到图像。激光全息照片要实现商品化就要实现白光再现，即在普通光源下能观察到激光全息图像。模压全息最常用的白光再现激光全息技术为两步彩虹全息术和一步彩虹全息术。

较成熟的模压激光全息技术问世于20世纪80年代初的美国，80年代中期传入我国。早期的模压激光全息技术主要应用于图像显示（工艺品类），在应用于防伪领域后，模压激光全息技术得到飞速的发展。

对全息防伪商标真伪的非专家检验也由单纯的目测发展到卡片检验、放大镜检验、激光束照射检验

◆全息防伪让假冒产品无处藏身

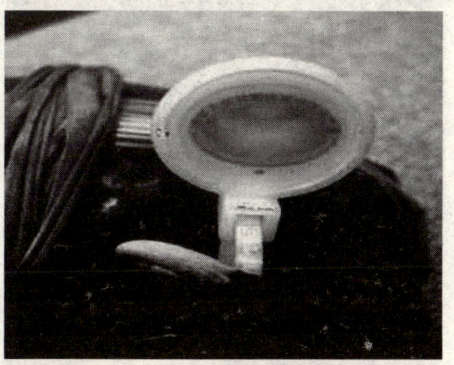
◆阳澄湖大闸蟹也有激光防伪标志

◆利用全息技术防伪纸币

与物理学对话

走进诺贝尔奖名人堂

等,未来的趋向是电子识别检验。

模压激光全息技术虽然具有不可仿冒性,但对于普通消费者鉴别真伪是有相当难度的。为了应对激烈的竞争,提高非专业人士的识别能力,激光全息技术人员不断开发新的技术如流星光点、幻纹技术等一线防伪技术和激光加密、双卡技术等二线防伪技术。模压激光全息标识鉴别的方向是:快速电子半自动/自动识别。

海量存储——全息存储

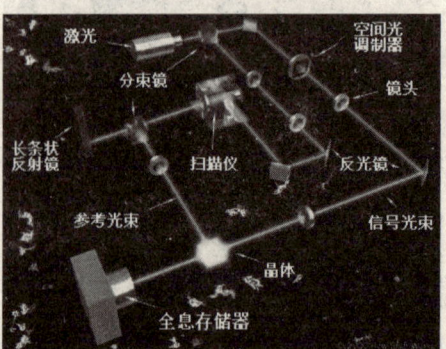

◆在全息存储设备中,激光束被一分为二,产生的两股光束在一块晶体介质中相互作用,将一页数据转化为全息图的形式并存储起来

◆传统工具已经不能满足要求

全息存储是受全息照相的启发而研制的,当你明白全息照相的技术原理后,对于全息存储就可以更好地理解。全息存储技术同样需要激光束的帮忙,研发人员要为它配备一套高效率的全息照相系统。首先利用一束激光照射晶体内部不透明的小方格,记录成为原始图案后,再使用一束激光聚焦形成信号源,另外还需要一束参考激光作为校准。当信号源光束和参考光束在晶体中相遇后,晶体中就会展现出多折射角度的图案,这样在晶体中就形成了光栅。一个光栅可以储存一批数据,称为一页。我们把使用全息存储技术制成的存储器称为全息存储器,全息存储器在存储和读取数据时都是以页为单位的。

从实验室走进社会——改变生活的物理学

全息存储的优势

在 20 世纪 80 年代早期出现的光盘带来了数据存储的革命，它能够将兆字节级的数据存储到一张直径只有 12 厘米、厚度大约 1.2 毫米的圆盘上。1997 年，一种被称作数字多功能光盘（DVD）的增强版 CD 推出，它能够在一张光盘上存储一整部电影。CD 和 DVD 是音乐、软件、个人电脑数据以及视频的主要存储方式。一张 CD 能够容纳 783MB 的数据，相当于 1 小时 15 分钟的音乐。但是索尼公司计划推出一种 1.3GB 的大容量 CD。一张双面双层的 DVD 能够存储 15.9GB 的数据，相当于 8 小时的电影。这些传统的存储介质满足了当前的需要，但是存储技术必须不断进步以满足不断增长的消费需求。CD、DVD 和磁存储器都是将信息的比特数据存储在记录介质的表面上。

与目前的存储技术相比，全息存储在容量、速度和可靠性方面都极具发展潜力。由于全息存储器是以页作为读写单位，不同页面的数据可以同时并行读写，理论上其存储速度将相当迅速。业界普遍估计，未来全息存储可以实现 1GB/s 的传输速度，以及小于 1 毫秒的随机访问时间！使用全息存储技术后，一块方糖大小的立方体就能存储高达 1TB 的数据，这么高的容量并不是空穴来风。由于一个晶体有无数个面，我们只要改变激光束的入射角度，就可以在一块晶体中存储数量惊人的数据。打个形象的比喻，我们可以把全息存储器看成像书本一样，这也是其用小体积实现大容量的原理所在。与传统硬盘不一样，全息存储器不需要任何移动部件，数据读写操作为非接触式，使用寿命、数据可靠性、安全性都达到理想的状况。

全息存储几乎可以永久保存数据，在切断电能供应的条件下，数据可在感光介质中保存数百年之久，这一点也远优于硬盘。

"科学就在你身边"系列

走进诺贝尔奖名人堂

一切尽在掌握之中——从晶体管到集成电路

他们是半导体产业历史上最伟大的三位发明家,他们和众多天才的科学家一起,开创半导体产业历史上激动人心的"发明时代"。他们是集成电路之父,他们是硅谷的开创者,他们改变了我们的世界。如今,他们已经全部远去,然而,他们创造的半导体产业仍在他们开辟的大路上高速前进,为这个世界带来日新月异的变化。他们的故事已经成为传说,激励着一代又一代的工程师和掘金者……

◆集成电路工艺突飞猛进

一朵绚丽多彩的奇葩

1947年12月23日,科学家肖克莱、巴丁和布拉顿组成的研究小组在贝尔实验室证明了20世纪最重要的发明:第一只真正的晶体管。从此人类步入了飞速发展的电子时代。

20世纪最初的10年,通信系统已开始应用半导体材料。20世纪上半叶,在无线电爱好者中广泛流行的矿石收音机,就采用矿石这种半导体材料进行检波。半导体的电学特性也在电话系统中得到了应用。

晶体管的发明,最早可以追溯到1929年,当时工程师利莲费尔德就已经取得一种晶体管的专利。但是,限于当时的技术水平,制造这种器件的材料达不到足够的纯度,而使这种晶体管无法制造出来。

从实验室走进社会——改变生活的物理学

科技导航

晶体管的横空出世

晶体管的问世，是20世纪的一项重大发明，是微电子革命的先声。晶体管出现后，人们就能用一个小巧的、消耗功率低的电子器件，来代替体积大、功率消耗大的电子管了。晶体管的发明又为后来集成电路的降生吹响了号角。

◆巴丁（左），肖克莱（坐）和布拉顿共同发明了晶体管

由于电子管处理高频信号的效果不理想，人们就设法改进矿石收音机中所用的矿石触须式检波器。在这种检波器里，有一根与矿石（半导体）表面相接触的金属丝（像头发一样细且能形成检波接点），它既能让信号电流沿一个方向流动，又能阻止信号电流朝相反方向流动。在第二次世界大战爆发前夕，贝尔实验室在寻找比早期使用的方铅矿晶体性能更好的检波材料时，发现掺有某种极微量杂质的锗晶体的性能不仅优于矿石晶体，而且在某些方面比电子管整流器还要好。

在第二次世界大战期间，不少实验室在有关硅和锗材料的制造和理论研究方面，也取得了不少成绩，这就为晶体管的发明奠定了基础。

为了克服电子管的局限性，第二次世界大战结束后，贝尔实验室加紧了对固体电子器件的基础研究。肖克莱等人决定集中研究硅、锗等半导体材料，探讨用半导体材料制作放大器件的可能性。

1945年秋天，贝尔实验室成立了以肖克莱为首的半导体研究小组，成员有布拉顿、巴丁等人。布拉顿早在1929年就开始在这个实验室工作，长期从事半导体的研究，积累了丰富的经验。他们经过一系列的实验和观

与物理学对话

"科学就在你身边"系列

走进诺贝尔奖名人堂

察，逐步认识到半导体中电流放大效应产生的原因。布拉顿发现，在锗片的底面接上电极，在另一面插上细针并通上电流，然后让另一根细针尽量靠近它，并通上微弱的电流，这样就会使原来的电流产生很大的变化。微弱电流少量的变化，会对另外的电流产生很大的影响，这就是"放大"作用。

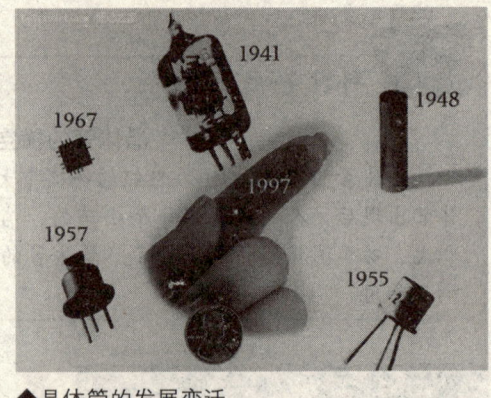

◆晶体管的发展变迁

布拉顿等人，还想出有效的办法，来实现这种放大效应。他们在发射极和基极之间输入一个弱信号，在集电极和基极之间的输出端，就放大为一个强信号了。在现代电子产品中，上述晶体三极管的放大效应得到广泛的应用。

知识库

什么是电子管

电子管是一种在气密性封闭容器（一般为玻璃管）中产生电流传导，利用电场对真空中的电子流的作用以获得信号放大或振荡的电子器件，早期应用于电视机、收音机和扩音机等电子产品中，后来逐渐被晶体管和集成电路所取代，但目前在一些高保真音响器材中，仍然使用电子管作为音频功率放大器件（香港人称使用电子管功率放大器为"煲胆"）。

巴丁和布拉顿最初制成的固体器件的放大倍数为 50 左右。不久之后，他们利用两个靠得很近（相距 0.05 毫米）的触须接点，来代替金箔接点，制造了"点接触型晶体管"。1947 年 12 月，这个世界上最早的实用半导体器件终于问世了，在首次试验时，它能把音频信号放大 100 倍，它的外形比火柴棍短，但要粗一些。

在为这种器件命名时，布拉顿想到它的电阻变换特性，即它是靠一种从"低电阻输入"到"高电阻输出"的转移电流来工作的，于是取名为 trans—resister（转换电阻），后来缩写为 transister，中文译名就是晶

从实验室走进社会——改变生活的物理学

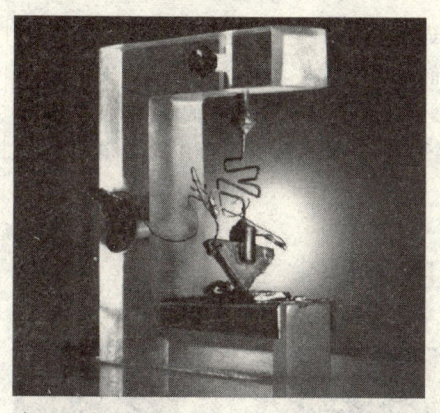

◆贝尔实验室在1947年组装的第一个真正的晶体管

体管。

由于点接触型晶体管制造工艺复杂，致使许多产品出现故障，它还存在噪声大、在功率大时难于控制、适用范围窄等缺点。为了克服这些缺点，肖克莱提出了用一种"整流结"来代替金属半导体接点的大胆设想。半导体研究小组又提出了这种半导体器件的工作原理。

1950年，第一只"面结型晶体管"问世了，它的性能与肖克莱原来设想的完全一致。后来的晶体管，大部分仍是这种面结型晶体管。1956年，肖克莱、巴丁、布拉顿三人，因发明晶体管同时荣获诺贝尔物理学奖。

轶闻趣事——天才与废物

◆诺依斯（N. Noyce）等从晶体管之父肖克莱的实验室出走，这就是历史上著名的"八天才叛逆"，从此，才有了Intel，AMD，IDT等等一大批我们熟知的企业。

1955年"晶体管之父"肖克莱离开贝尔实验室返回故乡圣克拉拉，创建了"肖克莱半导体实验室"。第二年，八位年轻的科学家从美国东部相继来到硅谷，加盟肖克莱实验室。他们是：诺依斯、摩尔、布兰克、克莱尔、赫尔尼、拉斯特、罗伯茨和格里尼克。他们的年龄都在30岁以下，风华正茂，学有所成，都正处在创造能力的巅峰。

可惜，肖克莱是天才的科学家，却缺乏经营能力；他雄心勃勃，但对管理一窍不通。一年之中，实验室没有研制出任何像样的产品。八位青年瞒着肖克莱开始计划出走。在诺依斯带领下，他

走进诺贝尔奖名人堂

们向肖克莱递交了辞职书。肖克莱怒不可遏地骂他们是"八叛逆"。青年人面面相觑,但还是义无反顾地离开了那个让他们慕名而来、之后又相聚在一起的"伯乐"。不过,后来就连肖克莱本人也改口把他们称为"八个天才的叛逆"。在硅谷许多著作书刊中,"八叛逆"的照片与惠普的车库照片属于同一级别,具有同样的历史价值。

集成电路的发明

2000年的诺贝尔物理学奖得主杰克·基尔比先生是集成电路的发明者、手持计算器的发明人之一。他的发明奠定了现代微电子技术的基础,可以说如果没有集成电路的发明,就不会有今天的计算机,人类还将在信息时代的门外彷徨。我们生活中所能见到的各种电子,几乎无一例外都是建立在集成电路技术基础上的。

若干次面试之后,杰克·基尔比被聘用到德州仪器公司。公司并没有对杰克·基尔比的工作职责进行具体划分。1958年5月,在德州仪器公司工作后不久,杰克·基尔比就意识到,由于公司制造晶体管、电阻器和电容器,对其产品进行重新组装可能会生产出更有效的微型模块产品。因此,杰克·基尔比设计了一个使用管状部件的IF放大器,而且做出了原型。杰克·基尔比在员工集体休假、工厂停工的前几天完成了详细的成本分析。

◆杰克·基尔比——集成电路的第一位发明者,他的发明改变了世界

◆第一块集成电路板

从实验室走进社会——改变生活的物理学

 **历 史 趣 闻**

一项同时的发明

1966年,基尔比和诺依斯同时被授予美国科技人员最渴望获得的巴兰丁奖章。基尔比被誉为"第一块集成电路的发明家",而诺依斯被誉为"提出了适合于工业生产的集成电路理论"的人。1969年,美国联邦法院最后从法律上承认了集成电路是一项"同时的发明"。

◆改变世界的集成电路

作为一名新员工,杰克·基尔比没有假期,就独自留下来,对IF放大器的试验效果进行思考。通过进行成本分析,杰克·基尔比第一次了解到半导体车间的成本结构的内部情况。成本很高——非常高。杰克·基尔比觉得如果他不能很快地想出一个好办法,那么在假期结束后,就会被分配去做微型模块项目提案的工作。在心情很沮丧的时候,杰克·基尔比开始感觉到,半导体车间唯一可以以高成本效益方式制造的产品就是半导体。经过进一步思考,他得出这样的结论,真正需要的实际上就是半导体——电阻器和电容器,具体说来,可以用与有源设备相同的材料来制造。于是杰克·基尔比很快起草了一个使用这些部件的触发器的设计提案。用硅的体效应来提供电阻器,而电容器则通过 p—n 结来提供。

杰克·基尔比很快就完成了这些草图,并用非连续硅元素制造了一条电路,其中使用了打包的成熟结晶体管。电阻器是通过在硅上凿出小条并蚀刻上值后做出来的。电容器是在散布式硅功率电容器晶片上凿出来并用金属处理两侧。整个电路组装完成,并于1958年8月28日向公司进行了演示。

我们可以说微芯片是历史上最重大的发明之一,它为无数的其他发明铺平了道路。在过去的40年里,杰克·基尔比已经看到他的发明改变了世

走进诺贝尔奖名人堂

界。杰克·基尔比是为数不多的、可以环顾世界并对自己说"我改变了世界"的几个人之一。

 点击

幸运的马可尼

1959年2月6日，基尔比向美国专利局申报专利，这种由半导体元件构成的微型固体组合件，从此被命名为"集成电路"（IC）。

 **链接——神奇的摩尔定律**

到了1964年，仙童公司"八叛逆"之一的摩尔（G. Moore）博士，以三页纸的短小篇幅，发表了一个奇特的理论。摩尔天才地预言，集成电路上能被集成的晶体管数目，将会以每18个月翻一番的速度稳定增长，并在今后数十年内保持着这种势头。摩尔的这个预言，因集成电路芯片后来的发展曲线得以证实，并在较长时期保持着

◆摩尔以"摩尔定律"而闻名

有效性，被人誉为"摩尔定律"。事实证明，摩尔的预言是准确的。尽管这一技术进步的周期已经从最初预测的12个月延长到如今的近18个月，但"摩尔定律"依然有效。目前最先进的集成电路已含有17亿个晶体管。至此而后，集成电路迅速把电脑推上高速成长的快车道。

微电子技术的核心

集成电路技术是微电子技术的核心，采用一定的工艺，把一个电路中所需的晶体管、二极管、电阻、电容和电感等元件及布线互连一起，制作在一小块或几小块半导体晶片或介质基片上，然后封装在一个管壳内，成为具有所需电路功能的微型结构；其中所有元件在结构上已组成一个整

从实验室走进社会——改变生活的物理学

体,这样,整个电路的体积大大缩小,且引出线和焊接点的数目也大为减少,从而使电子元件向着微小型化、低功耗和高可靠性方面迈进了一大步。

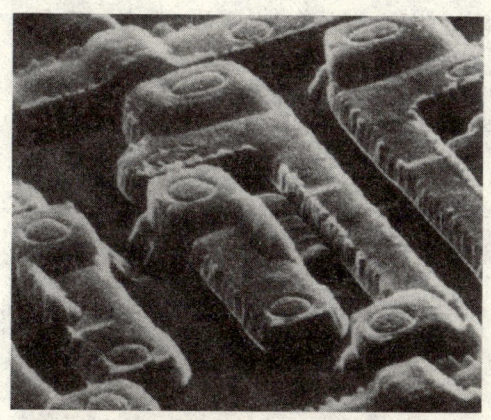

◆在电子显微镜下看到的一个芯片的局部

它的主要特征是电子器件和电路的微小型化,适于大规模生产,成本低而可靠性高。随着超精微加工技术的提高,集成度已超过每个芯片含数千万个元件。现在,在我们日常生活中,芯片随处可见。集成电路的制造尺寸,必须以微米甚至纳米来计量。1微米是1毫米的千分之一。头发丝的直径为70至100微米,细菌大小约1到2微米。而在微电子技术中,1微米大小的地方却可以容纳很多晶体管。如果一个细菌跑到集成电路中,就好比一列火车撞进了小胡同。要在这样极小的面积上施工制造,最关键的技术是使晶体管的线宽尽可能地小,这样才能使各种半导体器件和电路紧密地编织到最小的空间里。在只有头发丝直径大小的硅片上,当线宽为1微米时,可容纳400个晶体管;线宽为0.5微米时,可容纳1 500个晶体管;线宽减到0.25微米时,则可容纳4 500个以上的晶体管。这样精细的加工只能在极高倍的电子显微镜下操作。现在计算机中的中央处理器(CPU)就是超大规模集成电路的杰作。一个小小的芯片中有几十万、几千万个半导体器件已不是什么新鲜事。制造这种产品需要极为严格的洁净要求,甚至不得有人员进入,只能全自动化生产。

集成电路具有体积小,重量轻,引出线和焊接点少,寿命长,可靠性高,性能好等优点,同时成本低,便于大规模生产。它不仅在工业、民用电子设备如收录机、电视机、计算机等方面得到广泛的应用,同时在军事、通信、遥控等方面也得到广泛的应用。

走进诺贝尔奖名人堂

万花筒
纳米时代的到来

1990年,美国IBM公司已经制成了仅由两个原子构成的二极管,著名的麻省理工学院也成功地研制出大小仅20纳米(相当于头发丝的三千分之一)的量子效应电子器件。这就宣告了纳米科技时代的到来。

科技文件夹

用集成电路来装配电子设备,其装配密度比晶体管可提高几十倍至几千倍,设备的稳定工作时间也可大大延长。

广角镜——洁净室有多洁净

洁净室是指一个具有低污染水平的环境,这里所指的污染来源有灰尘、空气传播的微生物、悬浮颗粒和化学挥发性气体。更准确地讲,一个洁净室具有一个受控的污染级别,污染级别可用每立方米的颗粒数,或者用最大颗粒大小来厘定。低级别的洁净室通常是没有经过消毒的(如没有受控的微生物),更多的是关心空气传播的灰尘。

洁净室被广泛地应用在对环境污染特别敏感的行业,例如半导体生产、生化技术、生物技术、精密机械、制药、医院等行业等,其中以半导体业对室内之温湿度、洁净度要求尤其严格,故其必须控制在某一个需求范围内,才不会对制作产生影响。作为生产设施,洁净室可以占据厂房很多位置。

◆工作人员在无尘的环境中生产集成电路,不能带进任何杂质,不然会导致生产失败

从实验室走进社会——改变生活的物理学

用光纤牵动世界神经——高锟痴梦成真

光纤电缆是20世纪最重要的发明之一。光纤电缆以玻璃作介质代替铜，一根头发般细小的光纤，传输的信息量相当于一条饭桌般粗大的铜"线"。它彻底改变了人类通信的模式，为目前的信息高速公路奠定了基础，使"用一条电话线传送一套电影"的幻想成为现实。发明光纤电缆的，就是被誉为"光纤之父"的华人科学家高锟。

◆光纤改变了世界

与物理学对话

神奇的激光光纤通信

激光发明后，结合另一发明光导纤维，光通信重获新生并得到迅速应用。其工作原理与大气激光通信基本相同，所不同的是光信号在光缆中传输。

一百多年前，没有人会想到普通的玻璃会将全世界的人们联系到一起，而"光通信"这个词现在已经家喻户晓。今天，我们就一起来认识一下这个在光通信领域里大显

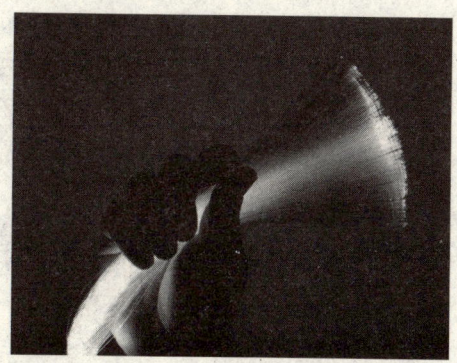

◆神奇的光纤

"科学就在你身边"系列

走进诺贝尔奖名人堂

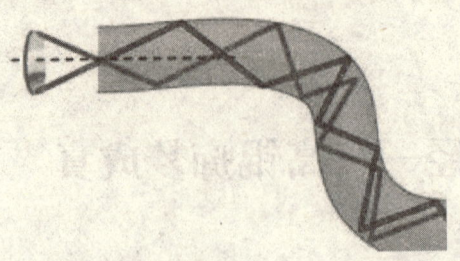

◆光在光纤中的传输

身手的光纤吧。

一般在我们的观察中,光线总是沿直线传播的,没有人想到除了用镜子还有什么东西能让光线拐弯儿。1970年,英国物理学家廷德尔在实验中发现光线可以沿着水流传播,如果这股水流弯曲了,水流中的光线也随着"弯曲"。20世纪初,一位希腊的玻璃工人偶然发现,光可以从细玻璃棒的一端传到另一端而不跑出棒的外面,甚至当细棒弯曲时,光也会跟着"弯曲"地传播。这些发现为以后光纤的发明奠定了基础。事实上,光线并没有弯曲,它只是在水流或玻璃棒的内侧不停地反射前进,在光学上这叫做全反射。

1955年,卡帕尼博士发明了具有实际意义的玻璃光纤,并由此产生了纤维光学这一新的学术领域。又过了几年,英国标准电信实验室的高锟和他的同事们提出可以利用光导纤维进行远距离光信息传输。从此,光通信事业开始了自己年轻而气势十足的发展历程。

 知 识 窗

光纤通信的优势

光纤通信具有容量大、传输损耗小、中继距离长、不受外界电磁干扰等优点。适用于大容量市内电话中继通信、长途电话干线通信和图像通信等,并将逐步用于野战通信。

 **点击——光的折射与全反射**

光可以在真空中传播,也可以在某些物质中传播。不同的介质密度是不一样的。因此,又分"光密介质"和"光疏介质"。当光线从一种介质射入另一种介质时就会发生折射,好像是光线拐弯儿了。即使是同一物质,也会因某些环境条件而产生密度不同,如某处的空气热,某处的空气冷,光线在穿越冷热空气时也

从实验室走进社会——改变生活的物理学

会发生折射（我们熟知的海市蜃楼就是因这种情况而发生的）。照到介质表面上的光叫入射光，经过介质折射的光叫折射光。入射光、折射光和介质的界面（两种介质相接的地方）之间存在着一种相互关系，这就是入射角和折射角。两个角度随着入射光线角度的变化而变化。当光线从光密介质射入光疏介质的角度变化到一定程度时，光就不能再射入另一个介质中了，于是就会产生光的全反射现象。

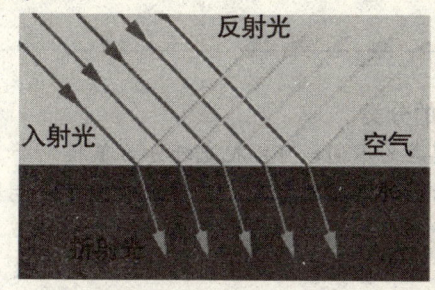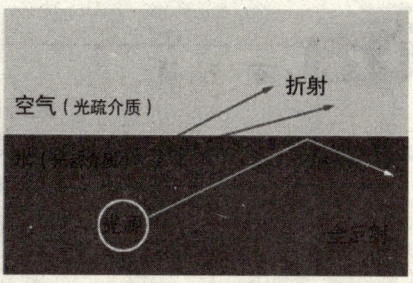

◆入射和反射光路(左)和全反射光路(右)

了解了光的传播，我们再来认识光纤。简单的光纤可以就是一根玻璃丝，根据不同要求，它可以做得非常细，一般从几微米到几百微米。通常很多光纤都会在表面加（涂）上

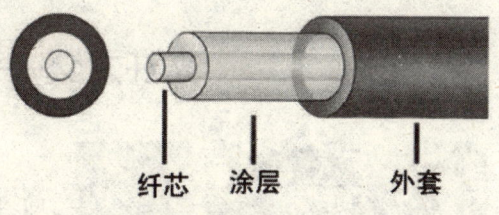

◆光纤内部结构示意图

一层别的物质，叫涂层。这一层物质可以作为光疏媒质起折射作用，有的还可以增强光纤的柔软性使其可以随意弯曲。没有涂敷层的光纤就叫裸纤。裸纤也可以传播光信号。

根据不同需要，人们在玻璃或石英中可以加入其他化学元素。因此，光纤的品种也是很多的，有的可以同时传送上千种不同波型的光波，有的则只能通过单一波型的光线。光纤通

> 只要一束光线射入的角度合适，那么这束光线就会在光纤内部不停地进行全反射而传向另一端。

"科学就在你身边"系列

走进诺贝尔奖名人堂

信中用到的光缆是由数十到数百根这样的光纤集成的,其中每根光纤都可承担起巨大的通信量。光之所以能在光纤中传输,主要是纤芯和涂层的共同作用。根据上面讲到的光折射道理,我们就会明白,光纤的纤芯和它外面的涂层肯定是两种密度不同的物质,而且纤芯的密度应该大于涂层。

万花筒

光纤的分类

按照光纤中容许传输的电磁波模式的不同,可以把光纤分为单模光纤和多模光纤。单模光纤是指只能传输一种电磁波模式,多模光纤指可以传输多个电磁波模式,实际上单模光纤和多模光纤之分,也就是纤芯的直径之分。单模光纤细,多模光纤粗。在有线电视网络中使用的光纤全是单模光纤,其传播特性好,带宽可达 10GHz。

光纤之父——高锟

◆诺贝尔奖得主高锟先生

高锟1933年生于上海。童年的高锟对化学最感兴趣,他曾经自己制造过灭火筒、焰火。后来,他又迷上了无线电,小小年纪就曾成功地装了一部有五六个真空管的收音机。

1948年,他们举家迁往香港。高锟曾考入香港大学,但当时的他已立志攻读电机工程,而港大没有这个专业,于是他辗转就读了伦敦大学。毕业后,他加入英国国际电话电报公司任工程师,因表现出色被聘为研究实验室的研究员。

从实验室走进社会——改变生活的物理学

万花筒

迟到的获奖

2009年迟来的诺贝尔物理学奖对已身患老年病的高锟先生是一个很大的遗憾,但是反过来想一下,这难道不也是上苍给他的一个巨大的恩惠!——摆脱这个经济和科技如此发达,而百疾丛生、问题重重的现代社会,他,这位对人类做出了杰出贡献的老人,仍然幸福地生活在他那美妙的光纤世界里!

以光作为信号载体的介质波导的概念早在20世纪30年代就已提出。人们都认为用介质波导进行实际传输是完全不可能的。即传输1米后能量已经降到十分之一。高锟先生的决定性贡献是指出:玻璃透光性不好不是不可克服的,玻璃衰减大的原因在于玻璃中含有氢氧根以及大量的过渡金属离子。高锟先生甚至通过实验得到了透光性大为改善的块玻璃材料。

方向得以指明,迈向成功的道路从而开辟。从此,科技界和工业界在这一方向上开展了赛跑,人们摒弃了采用天然玻璃砂原材料的传统方法,而使用如半导体工业那样的高纯原材料合成玻璃,制造光纤。终于,美国Corning公司于1970年首先宣告成功获得衰减低达10dB/km的光纤(衰

与物理学对话

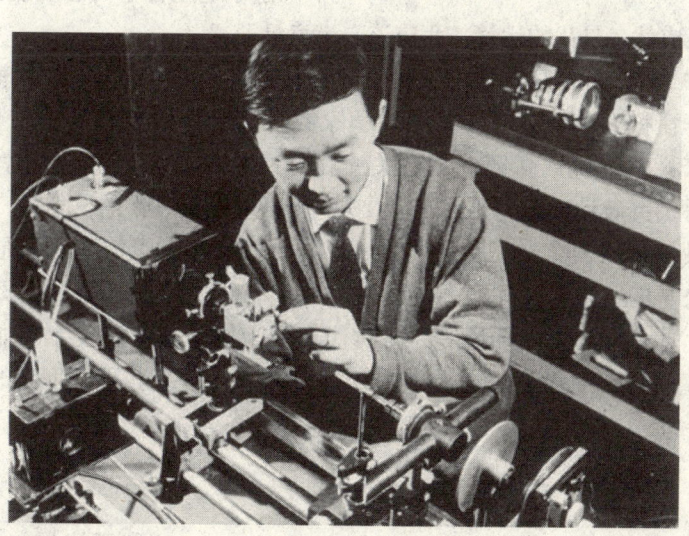

◆年轻时的高锟

"科学就在你身边"系列

走进诺贝尔奖名人堂

减系数减少到传统的优质光学玻璃的千分之一)。光纤从此从书本概念变成了工业产品。

 点击

> 博伊尔和史密斯发明了半导体成像器件——电荷耦合器件（CCD）图像传感器，分享了2009年物理学奖的一半奖金。

◆"光纤之父"高锟和夫人在美国硅谷的寓所内的全家福照片

高锟的发明使信息高速公路在全球迅猛发展，这是他始料不及的。他因此获得了巨大的世界性声誉，被冠以"光纤之父"的称号。高锟此后几乎每年都获得国际性大奖，但由于专利权是属于雇用他的英国公司的，他并没有从中得到很多的财富。受中国传统文化影响极深的高锟，以一种近乎老庄哲学的态度说："我的发明确有成就，是我的运气，我应该心满意足了。"

2009年10月6日瑞典皇家科学院宣布，将2009年诺贝尔物理学奖授予英国华裔科学家高锟以及美国科学家威拉德·博伊尔和乔治·史密斯。瑞典皇家科学院说，高锟在"有关光在纤维中的传输已用于光学通信方面"取得了突破性成就，他将获得2009年物理学奖一半的奖金。

诺贝尔物理学奖这次授予做出如此重要贡献的应用物理学家是完全合理的、公平的。毫无疑问，高锟先生对现代有线通信技术做出的贡献是划时代的，他，开启了光纤通信的新时代！因为他，信息社会才会如此快地成为现实，世界才会变得如此之"小"！高锟先生理应获得全世界的尊敬！

从实验室走进社会——改变生活的物理学

数字成像领域的贡献——CCD 传感器

伴随着数码相机、带有摄像头的手机等电子设备风靡全球，人类已经进入了全民数码影像的时代，每一个人都可以随时、随地、随意地用影像记录每一瞬间。带领我们进入如此五彩斑斓世界的，就是美国科学家威拉德·博伊尔和乔治·史密斯在 1969 年发明的 CCD（电荷耦合器件）图像传感器，而他俩，也正因此而获得了 2009 年的诺贝尔物理学奖。

◆数码时代

美国人怎样发明了 CCD

CCD 图像传感器的发明，实际上就是应用了爱因斯坦有关光电效应理论的结果，即光照射到某些物质上，能够引起物质的电性质发生变化。但是从理论到实践，道路却并不平坦。科学家遇到的最大挑战，在于如何在很短的时间内，将每一个点上因为光照而产生改变的大量电信号采集并且辨别出来。

◆发明 CCD 传感器的博伊尔和史密斯

走进诺贝尔奖名人堂

知识库

传统的胶片成像

在CCD发明之前，人们都是用胶片来记录影像，胶片成像的技术应用了化学方法来成像，就是在胶片上涂了一种叫银盐的感光物质，这种物质在见到光后会变色，人们记录影像就是利用了它的这个特点。

◆CCD感光元件

20世纪60年代，博伊尔和史密斯都在著名的贝尔实验室工作，当时贝尔实验室正在发展影像电话和半导体气泡式内存。

利用这两种新技术，博伊尔和史密斯制出一种装置，他们命名其为"电荷'气泡'元件"。这种装置的特性就是，它能沿着一片半导体的表面传递电荷，于是他们便尝试用它来作为记忆电荷信号的装置，但此时的装置中的电荷不能长久保持，从而无法保存记录数据。

就在这时，博伊尔和史密斯想到光电效应能使此种元件表面自动产生电荷，从而组成数码影像。经过多次试验，博伊尔和史密斯终于解决了这个难题。他们采用一种高感光度的半导体材料，将光线照射导致的电信号变化转换成数字电信号，使得其高效存储、编辑、传输都成为可能。

广角镜——爱因斯坦为CCD的出现帮大忙

CCD是一种能直接将光转变为数字电信号的装置，就跟电脑记录数据的方式一样，也是用"0"和"1"来记录信息，有了这种转换，一切摄影就变得简单了。

为了实现这一步，科学家们付出了很多努力。要知道，在过去，大家还都认为把光转换为电是"不可能完成的任务"。幸好，出现了一个伟大的物理学家，从实验室走进社会——改变生活的物理学

他就是爱因斯坦,他成功解释了光电效应理论,这个理论就证实了光是能转换成电的。在爱因斯坦解释成功光电效应之前,已经有科学家在实验中发现了这一奇怪的现象。1905年爱因斯坦在普朗克能量子假说的基础上提出了光量子假说,圆满地解释了光电效应。按照光量子假说,光是由一个个光量子组成的,光的能量是不连续的,每个光量子的能量要达到一定数值,才能从金属表面打出电子来。这个伟大的假说,给CCD的发明作了很好的铺垫。

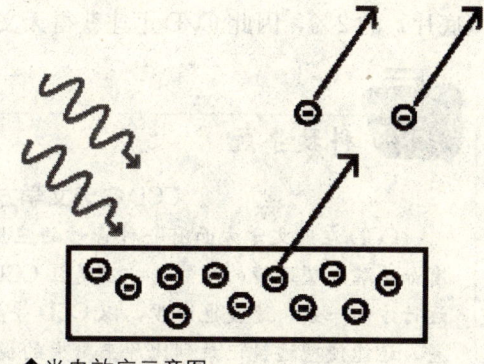
◆光电效应示意图

CCD的广泛应用

数十年来,CCD器件及其应用技术的研究取得了惊人的进展,特别是在图像传感和非接触测量领域的发展更为迅速。随着CCD技术和理论的不断发展,CCD技术应用的广度与深度必将越来越大。CCD是使用一种高感光度的半导体材料集成,它能够根据照射在其面上的光线产生相应的电荷信号,再通过模数转换器芯片转换成"0"或"1"的数字信号,这种数字信号经过压缩和程序排列后,可由闪速存储器或硬盘卡保存,即光信号转换成计算机能识别的电子图像信号,可对被测物体进行准确的测量、分析。

含格状排列像素的CCD应用于数码相机、光学扫描仪与摄影机的感光元件。其光效率可达70%(能捕捉到70%的入射光),优于传统菲林

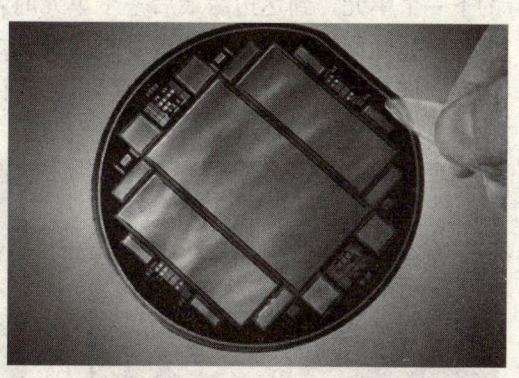
◆为增大探测面积,目前的大型望远镜还经常将多块CCD芯片拼接起来,组成CCD阵列

走进诺贝尔奖名人堂

（底片）的2%，因此CCD迅速获得天文学家的大量采用。

 科技导航

CCD在天文学方面的应用

CCD在天文学方面有一种奇妙的应用方式，能使固定式的望远镜发挥有如追踪式望远镜的功能。方法是让CCD上电荷读取和移动的方向与天体运行方向一致，速度也同步，以CCD导星不仅能使望远镜有效纠正追踪误差，还能使望远镜记录到比原来更大的视场。

与物理学对话

传真机所用的线性CCD影像经透镜成像于电容阵列表面后，依其亮度的强弱在每个电容单位上形成强弱不等的电荷。传真机或扫描仪用的线性CCD每次捕捉一细长条的光影，而数码相机或摄影机所用的平面式CCD则一次捕捉一整张影像，或从中撷取一块方形的区域。一旦完成曝光的动作，控制电路会使电容单元上的电荷传到相邻

◆传真机所用的线性CCD

的下一个单元，到达边缘最后一个单元时，电荷信号传入放大器，转变成电位。如此周而复始，直到整个影像都转成电位，取样并数码化之后存入内存。储存的影像可以传送到打印机、储存设备或显示器。

◆色彩更鲜艳逼真的3CCD(左图)技术

从实验室走进社会——改变生活的物理学

在数码相机领域，CCD的应用更是异彩纷呈。一般的彩色数码相机是将拜尔滤镜（Bayer-filter）加装在CCD上。每四个像素形成一个单元，一个负责过滤红色、一个过滤蓝色，两个过滤绿色（因为人眼对绿色比较敏感）。结果每个像素都接收到感光信号，但色彩分辨率不如感光分辨率。

◆高级便携式紫外CCD物证摄像系统

用三片CCD和分光棱镜组成的3CCD系统能将颜色分得更好，分光棱镜能把入射光分析成红、蓝、绿三种色光，由三片CCD各自负责其中一种色光的成像。所有的专业级数码摄影机和一部分的半专业级数码摄影机采用3CCD技术。目前，超高分辨率的CCD芯片仍相当昂贵，配备3CCD的高分辨率静态照相机，其价位往往超出许多专业摄影者的预算。因此有些高档相机使用旋转式色彩滤镜，兼顾高分辨率与忠实的色彩呈现。这类多次成像的照相机只能用于拍摄静态物品。

知识窗

电子胃镜的原理

电子胃镜，又叫光导纤维胃镜。在管子的头部有个镜头，管子连接到了CCD上，通过CCD就可以把胃里的画面呈现出来。在没有CCD的时候，医生就只能通过镜头直接观看胃部情况，看到的图像还不能转换到电脑上保存或记录下来。

一般的CCD大多能感应红外线，所以衍生出红外线影像、夜视装置、零照度（或趋近零照度）摄影机/照相机等。为了减低红外线干扰，天文用CCD常以液态氮或半导体冷却，因室温下的物体会有红外线的黑体辐射效应。CCD对红外线的敏感度造成另一种效应，各种配备CCD的数码相机或录影机若没加装红外线滤镜，很容易拍到遥控器发出的红外线。降低温度可减少电容阵列上的暗电流，增进CCD在低照度的敏感度，甚至对紫

走进诺贝尔奖名人堂

外线和可见光的敏感度也随之提升（信噪比提高）。

小知识——数码相机与传统相机的比较

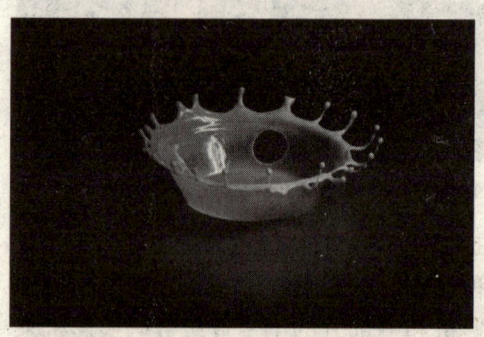

◆先进的数码相机可以拍摄水滴落地的瞬间

从外观和操作功能设置上看，数码相机与传统相机没有很大的差异，但工作原理和实际应用还是有很大的不同。

传统相机使用卤化银胶片拍摄，影像质量以每英寸解像度多少作为指标，一般常用感光度21定的35毫米胶卷解像度为3 000左右，相当于数码影像2 000万像素以上水平。另外，卤化银胶卷对捕捉景物的色彩和色调宽度大于CCD元件，CCD元件在较亮或较暗光线下会丢失部分细节。

从实验室走进社会——改变生活的物理学

用光打造一把利刃——激光

激光的特性注定了它是神奇的光。宏观上,它可以精确地测量地球与月球的距离;微观下,它可以在头发丝的空间内制造出非常复杂的机械元件。轻可以在眼睛上作手术,重可以切割厚厚的钢板。技术上的发展使它几乎随处可见,而且通过全息图像的显示,使"一中具一切,一切即一"的美妙意思有了具体的例证,仔细思考,怎能不感慨:激光,神奇光!让我们一起来看看激光的妙用吧,科技的发展带来了激光的工业革命!

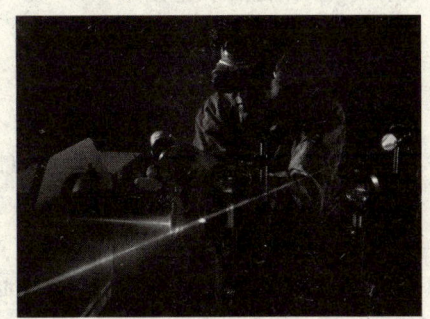

◆激光器现在已经非常多了

与物理学对话

科学史上的浪漫"故事"

汤斯,美国物理学家。1915年7月28日生于南卡罗来纳州格林维尔。汤斯是一位律师的独生子。1939年在加利福尼亚理工学院获得博士学位。在第二次世界大战期间以及战后的几年中,他在贝尔实验室从事雷达投弹系统的设计工作。1950年起在哥伦比亚大学任教授。汤斯以最全面的方式孜孜不倦地致力于雷达技术涉及微波的发射和接收。汤斯渴望有一种产生高强度微波的器件。通常的器件只能产生波长

◆"幸运"的宠儿——汤斯

走进诺贝尔奖名人堂

较长的无线电波,若打算用这种器件来产生微波,器件结构的尺寸就必须极小,以至于无实际实现的可能性。1951年的一个早晨,汤斯坐在华盛顿市一个公园的长凳上等待饭店开门,以便去进早餐。

> 科技史上同时做出发明的事例举不胜举。这些事例正说明了,激光的出现是科学技术发展的产物,是历史的必然。

这时他突然想到,如果用分子,而不用电子线路,不是就可以得到波长足够小的无线电波吗?汤斯在公园的长凳上思考了所有这一切,并把一些要点记录在一只用过的信封的反面。1953年12月,汤斯和他的学生终于制成了按上述原理工作的一个装置,产生了所需要的微波束。这个过程被称为"受激辐射微波放大"。因为汤斯在激光研究领域的杰出贡献,他荣获了1964年诺贝尔物理学奖,同时获奖的还有普科和巴索夫,他们也独立地完成了这方面的理论工作。

◆1954年汤斯、戈登和氨微波激射器

与物理学对话

从实验室走进社会——改变生活的物理学

链接——优质的激光

激光通过受激辐射产生,有以下三大特性:

激光是单色的,在整个产生的机制中,只会产生一种波长的光。这与普通的光不同,例如阳光和灯光都是由多种波长的光合成的,接近白光。

激光是相干的,所有光子都有相同的相、相同的偏振,它们叠加起来便产生很大的强度。而在日常生活中所见的光,它们的相和偏振是随机的,相对于激光,这些光就弱得多了。

激光的光束很狭窄,并且十分集中,所以有很强的威力。相反,灯光分散向各个方向传播,所以强度很低。

◆激光束的特点

传奇人物——梅曼

1960年,梅曼实现了突破,他用一盏闪光灯照射一条指尖大小的红宝石棒,使其发射出脉冲相干光。至此,他超越了其他物理学家,其中包括汤斯——他刚刚发明了微波激射器,类似于微波段的激光器。然而,后来因激光器的发明而获得诺贝尔奖的却是汤斯,希奥多·梅曼被忽视了,他得为他的发明争取承认权。

梅曼于1927年7月11日出生在加州洛杉矶。1949年他在科罗拉

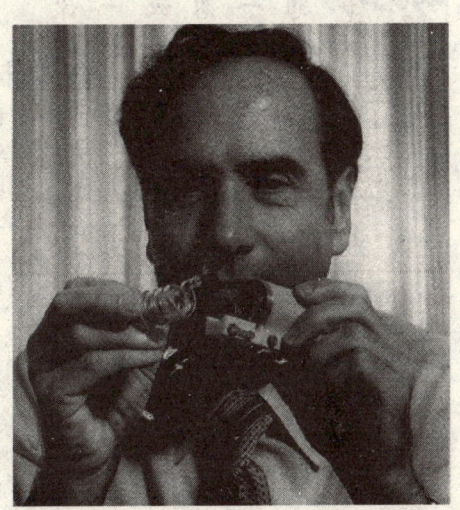

◆激光发明者——梅曼

走进诺贝尔奖名人堂

多大学获得工程物理学的学位。在此期间,他通过维修收音机和其他电子设备,以及后来到海军里服役支付大学费用。接着,他到加州的斯坦福大学完成了电子工程的硕士学位,并在不久后获得诺贝尔奖的兰姆的指导下攻读物理学博士。希奥多·梅曼在1955年获得博士学位,这是在汤斯于纽约的哥伦比亚大学发明了第一台微波激射器的两年后。汤斯和他的妹夫合作计划建造类似微波激射器的能发射相干可见光的设备,即激光器。但是,他们研制激光器的主要目的是用于光谱研究,所以他们想要建造一个连续光源而不是脉冲光源,这样导致他们不会用红宝石作为发射激光的介质。

希奥多·梅曼的突破是在他加入位于加州的宇航公司休斯公司的实验室之后做出的,这家公司属于脾气古怪的亿万富翁霍华德·休斯。希奥多·梅曼在公司里刚开始的任务是建造一台小型的汤斯微波激射器,最后他造出一台仅重两千克的红宝石微波激射器。接着在1960年5月6日,他通过把红宝石棒放置在铝制圆柱体里的螺旋形闪光光源中间,成功地使红宝石棒发射出激光束。他开始时想用电影放映灯照射红宝石,但是后来在他的学生助手建议下换用照相机的闪光灯照射。

想一想议一议

激光有什么应用?

激光的高能量使它还能用于医学和化学分析,它能使物体的一小点汽化,从而进行光谱研究。由于光的频率很高,在给定的频带上,它的信息容量远大于频率较低的无线电波,这就是用光作载波的优点。

小知识——受激辐射理论

激光的物理基础是受激辐射。简单地说,激光就是由受激辐射所产生的光。它基于伟大的物理学家爱因斯坦在1916年提出一套关于光辐射与原子相互作用的理论,在前一专题中,我们已经初步认识了"受激辐射"的概念。即受激辐射指

从实验室走进社会——改变生活的物理学

在能量相应于两个能级差的外来光子作用下，会诱导处在高能态的原子向低能态跃迁，同时发射出能量相同的光子。如果想获得越来越强的光，也就是说产生越来越多的光子，就必须要使受激辐射产生的光子多于受激吸收所吸收的光子。若位于高能级的原子远远多于位于低能级的原子，我们就得到被高度放大的光。

◆光的受激放大

改变世界的激光

激光素有神奇光之称。如今，你只要稍加留意，就会发现激光就在我们身边：激光唱机的动听乐曲不断回荡在楼宇之间；激光影碟机悄然走进了千家万户；激光照排则包揽了所有的报刊杂志。我们远隔千里就可以同亲人朋友通话，也是激光的功劳，因为光纤传送的正是激光。激光雕刻细致入微，精确无比，可在钢板、水晶等高强度材料上雕刻，它被广泛应用于工业打标、激光成型、礼品标牌。

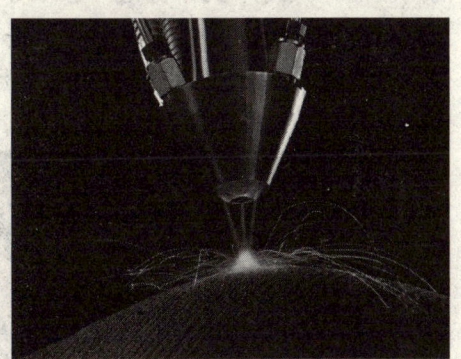

◆激光焊接

与物理学对话

"科学就在你身边"系列

走进诺贝尔奖名人堂

科技导航

激光与蔬菜

蔬菜远距离运输，装运前用激光扫描一次就够了，途中十天八天仍新鲜如常。原理很简单，激光能量大时就抑制了蔬菜生长。反之，其能量适合它的生长条件即可催生，所以激光育种又推广开了。用激光照射种子能够引起作物的性状发生变异，可以提高农作物的产量。

近年来，激光技术发展的速度十分惊人，应用的范围不断拓展，如激光保鲜、激光育种、激光医疗、激光美容等等，已成为科技人员研究的热门领域。

在医疗方面，激光也崭露头角。如果你患了近视又不愿意戴眼镜，激光可以解除你的烦恼。用激光做眼科手术快捷又安全，激光束可以聚集到比针尖还小的范围内，丝毫不会损伤发病区以外的正常组织，而且手术的时间极短，大约不到千分之一秒。如果患了胃结石、胃息肉，以往要开刀，现在只需从口腔中插一根管子进胃，用激光将结石炸碎，将息肉烧掉，短期内即可痊愈。治疗肿瘤也是激光的拿手好戏。可以说，在众多医疗领域都有激光的杰作。

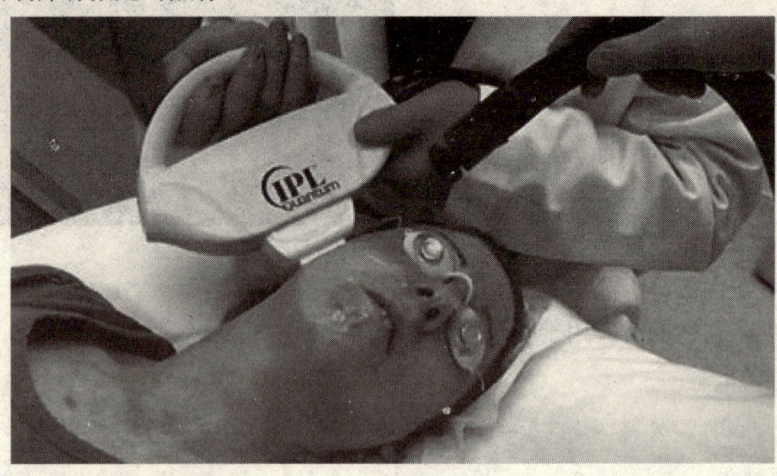

◆正在进行光子嫩肤

从实验室走进社会——改变生活的物理学

现代生活，人们越来越追求美，于是，激光美容应运而生。当有的人为脸上的瘢痕、色斑而烦恼时，激光可以为你解忧。这种激光治疗系统利用皮肤中不同颜色的组织对激光波长的选择吸收的特点，在基本不破坏正常组织的情况下，对皮肤中的黑色素在极短的瞬间用极高峰值的脉冲激光进行照射，使之发生迅速的热膨胀和粉碎，最后由吞噬细胞运走并排出体外，瘢痕和色斑就会慢慢消失。

激光站在当代科学技术的前沿，必将照亮我们现代生活的各个方面。

 广角镜——新型"千里眼"

雷达，大家经常听说。但是，有多少人真正知道它是如何工作的呢？也许有人说，雷达与我们太遥远了，生活中根本用不到它。如果你有这种想法，那么就错了。雷达与我们的生产生活有密切的关系。早期有微波雷达，现在有激光雷达。它们各有利弊，通过下面的内容你就会明白。大家看的地图就是通过激光雷达测绘出来的。每天看的天气预报也是通过雷达测出来的。激光雷达在2008年北京奥运会的时候发挥了巨大的作用。所以，让我们一起走近它吧。

◆激光雷达测绘的立体图

"科学就在你身边"系列

走进诺贝尔奖名人堂

打开微观世界之门——显微术的发展

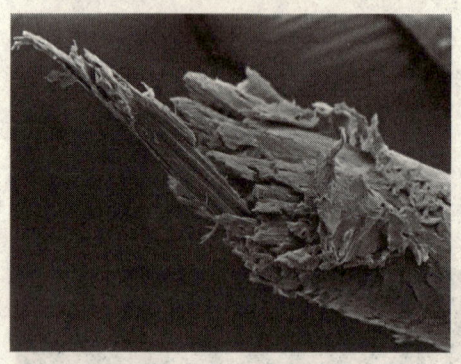

◆这不是断掉的树枝,这是显微镜中头发的分叉

人的眼睛不能直接观察到比0.1毫米更小的物体或物质的结构细节。人要想看到更小的物质结构,就必须利用工具,这种工具就是显微镜。过去的20世纪是一个激动人心的世纪。各种学科都得到了极大的发展,尤其是自然科学,显微科学也不例外。由于人们在物理、数学和材料科学等领域取得了非常大的进展,显微镜的质量大大提高,各种新型的显微镜也应运而生。

第一代显微镜:光学显微镜

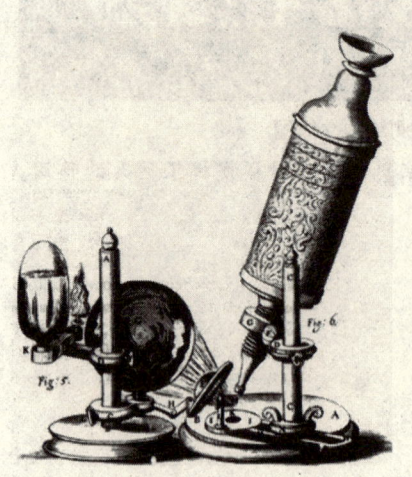

◆罗伯特·胡克的显微镜

人类很早以前就有探索微观世界奥秘的要求,但是苦于没有理想的工具和手段。早在公元前1世纪,人们就已发现通过球形透明物体去观察微小物体时,可以使其放大成像。后来逐渐对球形玻璃表面能使物体放大成像的规律有了认识。

单个凸透镜能够把物体放大几十倍,这远远不足以让我们看清某些物体的细节。公元13世纪,出现了为视力不济的人准备的眼镜——一种玻璃制造的透镜片。随着笼罩欧洲一千年的黑暗消失,

从实验室走进社会——改变生活的物理学

各种新的发明纷纷涌现出来,显微镜就是其中的一个。大约在16世纪末,荷兰的眼镜商詹森和他的儿子把几块镜片放进了一个圆筒中,结果发现通过圆筒看到附近的物体出奇的大,这就是现在的显微镜和望远镜的前身。

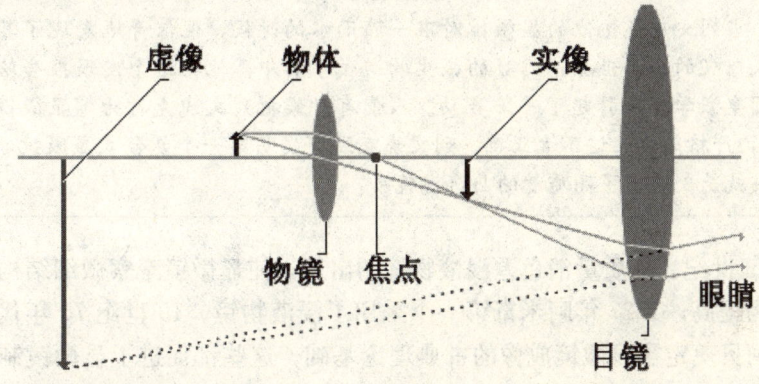

▶复合式显微镜光路原理图

詹森制造的是第一台复合式显微镜。使用两片凸透镜,一片凸透镜把另外一片所成的像进一步放大,这就是复合式显微镜的基本原理。如果两片凸透镜一片能放大10倍,另一片能放大20倍,那么整个镜片组合的放大倍数就是 $10 \times 20 = 200$ 倍。

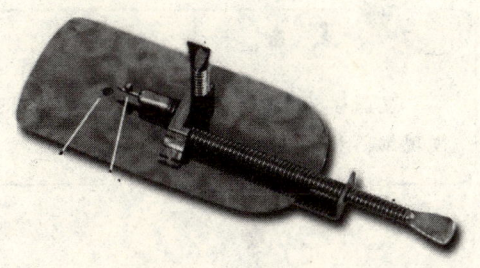

▶列文虎克的显微镜

1665年,英国科学家罗伯特·胡克(人们可能更熟悉他的另一个发现:胡克定律)用他的显微镜观察软木切片的时候,惊奇地发现其中存在着一个一个"单元"结构。胡克把它们称作"细胞"。不过,詹森时代的复合式显微镜并没有真正显示出它的威力,它们的放大倍数低得可怜。荷兰人安东尼·冯·列文虎克制造的显微镜让人们大开眼界。列文虎克自幼学习磨制眼镜片的技术,热衷于制造显微镜。他制造的显微镜其实就是一片凸透镜,而不是复合式显微镜。不过,由于他的技艺精湛,磨制的单片显微镜的放大倍数将近300倍,超过了以往任何一种显微镜。

走进诺贝尔奖名人堂

历史趣闻

显微镜之父

当列文虎克把他的显微镜对准一滴雨水的时候,他惊奇地发现了其中令人惊叹的小小世界:无数的微生物游弋于其中。他把这个发现报告给了英国皇家学会,引起了一阵轰动。人们有时候把列文虎克称为"显微镜之父",严格地说,这不太正确。列文虎克没有发明第一个复合式显微镜,他的成就是制造出了高质量的凸透镜镜头。

19世纪,高质量消色差浸液物镜的出现,使显微镜观察微细结构的能力大为提高。1827年阿米奇第一个采用了浸液物镜。19世纪70年代,德国人阿贝奠定了显微镜成像的古典理论基础。这些都促进了显微镜制造和显微观察技术的迅速发展。

点击

显微镜为19世纪后半叶包括科赫、巴斯德等在内的生物学家和医学家发现细菌和微生物提供了有力的工具。

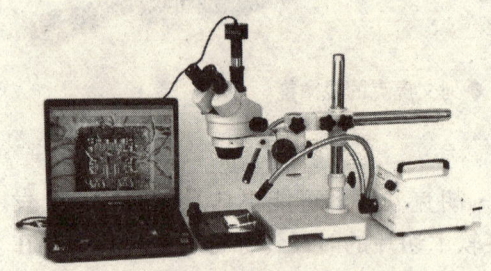

◆现代显微镜联合电脑作为观察工具

在显微镜本身结构发展的同时,显微观察技术也在不断创新:1850年出现了偏光显微术;1893年出现了干涉显微术;1935年荷兰物理学家泽尔尼克创造了相衬显微术,他为此在1953年获得了诺贝尔物理学奖。

古典的光学显微镜只是光学元件和精密机械元件的组合,它以人眼作为接收器来观察放大的像。后来在显微镜中加入了摄影装置,以感光胶片作为可以记录和存储的接收器。现代又普遍采用光电元件、电视摄像管和电荷耦合器件等作为显微镜的接收器,配以微型电子计算机后构成完整的图象信息采集和处理系统。

从实验室走进社会——改变生活的物理学

知识库——相差显微镜

相差显微镜是荷兰科学家泽尔尼克（Zernike）于 1935 年发明的，用于观察未染色标本的显微镜。活细胞和未染色的生物标本，因细胞各部细微结构的折射率和厚度的不同，光波通过时，波长和振幅并不发生变化，仅相位发生变化（振幅差），这种振幅差人眼无法观察。而相差显微镜通过改变这种相位差，并利用光的衍射和干涉现象，把相差变为振幅差来观察活细胞和未染色的标本。相差显微镜和普通显微镜的区别是：用环状光阑代替可变光阑，用带相板的物镜代替普通物镜，并带有一个合轴用的望远镜。P. Zernike 因为发明相差显微镜获 1953 年诺贝尔物理学奖。

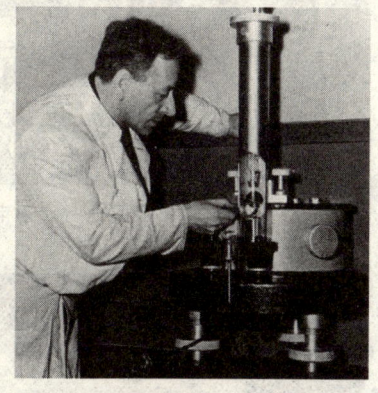

◆荷兰科学家泽尔尼克

第二代显微镜：电子显微镜

在接下来的两个世纪中，复合式显微镜得到了充分的完善，例如人们发明了能够消除色差（当不同波长的光线通过透镜的时候，它们折射的方向略有不同，这导致了成像质量的下降）和其他光学误差的透镜组。与 19 世纪的显微镜相比，现在我们使用的普通光学显微镜基本上没有什么改进。原因很简单：光学显微镜已经达到了分辨率的极限。

如果仅仅在纸上画图，你自然能够"制造"出任意放大倍数的显微

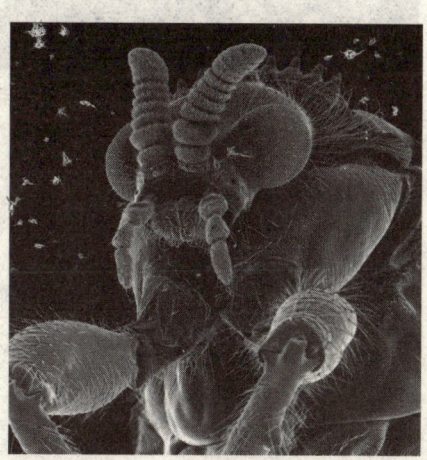

◆电子显微镜下的苍蝇

走进诺贝尔奖名人堂

与物理学对话

◆德国工程师制造出了第一台透射电子显微镜

◆彩色扫描电子显微镜下的一只热带毛毛虫的头

镜。但是光的波动性将毁掉你完美的发明。即使消除掉透镜形状的缺陷,任何光学仪器仍然无法完美地成像。人们花了很长时间才发现,光在通过显微镜的时候要发生衍射——简单的说,物体上的一个点在成像的时候不会是一个点,而是一个衍射光斑。如果两个衍射光斑靠得太近,你就没法把它们分辨开来。显微镜的放大倍数再高也无济于事了。对于使用可见光作为光源的显微镜,它的分辨率极限是0.2微米。任何小于0.2微米的结构都没法识别出来。

提高显微镜分辨率的途径之一就是设法减小光的波长,或者用电子束来代替光。如果能把电子的速度加到足够高,并且汇聚它,就有可能用来放大物体的像。1938年,德国工程师 Max Knoll 和 Ernst Ruska 制造出了世界上第一台透射电子显微镜(TEM)。1952年,英国工程师 Charles Oatley 制造出了第一台扫描电子显微镜(SEM)。电子显微镜是20世纪最重要的发明之一。由于电子的速度可以加速到很高,电子显微镜的分辨率可以达到纳米级(10^{-9}m)。很多在可见光下看不见的物体——例如病毒——在电子显

根据德布罗意的物质波理论,运动的电子具有波动性,而且速度越快,它的"波长"就越短。

微镜下现出了原形。

小知识——光的衍射

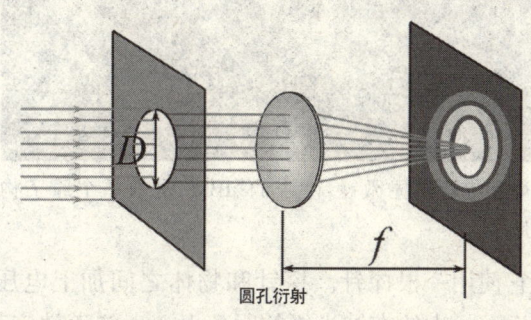

　　光的衍射指光在传播路径中，遇到障碍物或小孔（狭缝）时，偏离直线绕过障碍物继续传播的现象。光经过圆形口径后成像，并不会汇聚成绝对的点，而是形成明暗相间、距离不等的同心圆光斑，其中中央斑最大，集中了 84% 的能量，可以看作衍射扩散的主要部分。◆圆孔衍射示意图

衍射极限是指不考虑光学系统几何像差，一个完美光学系统的分辨率仅受衍射（光波波长）限制的情况。

第三代显微镜：扫描探针显微镜

　　用电子代替光，这或许是一个反常规的主意。但是还有更令人吃惊的。1983 年，IBM 公司苏黎世实验室的两位科学家 Gerd Binnig 和 Heinrich Rohrer 发明了所谓的扫描隧道显微镜（STM）。这种显微镜比电子显微镜更激进，它完全失去了传统显微镜的概念。

◆Heinrich Rohrer 和 Gerd Binnig 发明扫描隧道显微镜而分享 1986 年的诺贝尔物理学奖

走进诺贝尔奖名人堂

◆扫描隧道显微镜：图中的"IBM"是由单个原子构成的

很显然，你不能直接"看到"原子。因为原子与宏观物质不同，它不是光滑的、滴溜乱转的削球，更不是达·芬奇绘画时候所用的模型。扫描隧道显微镜依据所谓的"隧道效应"工作。如果舍弃复杂的公式和术语，这个工作原理其实很容易理解。隧道扫描显微镜没有镜头，它使用一根探针。探针和物体之间加上电压。如果探针距离物体表面很近——大约在纳米级的距离上——隧道效应就会起作用。电子会穿过物体与探针之间的空隙，形成一股微弱的电流。如果探针与物体的距离发生变化，这股电流也会相应地改变。这样，通过测量电流我们就能知道物体表面的形状，分辨率可以达到单个原子的级别。

知识库

近场显微镜

扫描探针显微镜的工作原理是基于微观或介观范围的各种物理特性，探针和样品之间只有2～3埃的距离，会产生相互的作用，是一种相互影响的耦合体系。我们称它为近场显微镜。它的成像质量不单单取决于显微镜本身，很大程度上受样品本身和针尖状态的影响。

因为这项奇妙的发明，Binnig 和 Rohrer 获得了 1986 年的诺贝尔物理学奖。这一年还有一个人分享了诺贝尔物理学奖，那就是电子显微镜的发明者 Ruska。

据说，几百年前列文虎克把他制作显微镜的技术视为秘密。今天，显微镜——至少是光学显微镜——已经成了一种非常普通的工具，让我们了解了这个小小的大千世界。

从实验室走进社会——改变生活的物理学

链接——扫描探针显微镜

在STM的基础上,科学家又发明了原子力显微镜、磁力显微镜、近场光学显微镜等等,这些显微镜都统称扫描探针显微镜。因为它们都是靠一根原子线度的极细针尖在被研究物质的表面上方扫描,检测采集针尖和样品间的不同物理量,以此得到样品表面的形貌图像和一些有关的电化学特性。如:

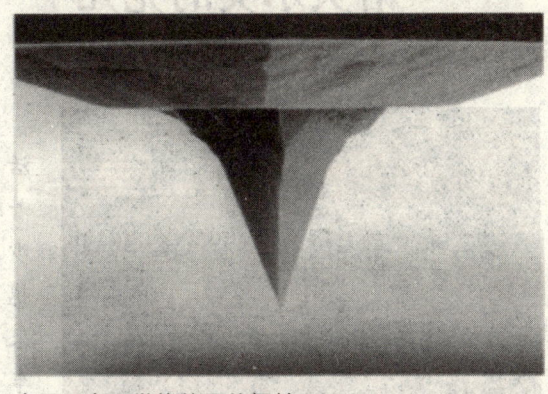

◆原子力显微镜使用的探针

扫描隧道显微镜检测的是隧道电流,原子力显微镜测试的是原子间相互作用力等等。光学显微镜和电子显微镜都称之为远场显微镜,因为相对来说样品离成像系统有比较远的距离。成像的图像好坏基本取决于仪器的质量。所以,我们在使用这一类仪器时,要想得到好的图像,关键是要学会分析判断各种图像及现象的产生原因,然后通过调整参数,得到相对好的图像。

走进诺贝尔奖名人堂

诺贝尔奖的宠儿——超导技术

与物理学对话

◆同性相斥,异性相吸

交通工具是现代人社会生活中不可缺少的一个部分。随着时代的变化和科学技术的进步,我们周围的交通工具越来越多,给每一个人的生活都带来了极大的方便。陆地上的汽车、海洋里的轮船、天空中的飞机,大大缩短了人们交往的距离;火箭和宇宙飞船的发明,使人类探索另一个星球的理想成为了现实。你是否知道有一种列车不用轮子也能驰骋?它的高速运行是什么原理呢?超导现象对人类究竟有什么用处呢?这一节将为你揭开谜底。

同性相斥,异性相吸

磁悬浮列车利用"同性相斥,异性相吸"的原理,让磁铁具有抗拒地心引力的能力,使车体完全脱离轨道,悬浮在距离轨道约1厘米处,腾空行驶,创造了近乎"零高度"空间飞行的奇迹。

中国第一条磁悬浮列车示范运营线——上海磁悬浮列车,建成后,从浦东龙阳路站到浦东国际机场,三十多千米只需6~7分钟。

◆上海的磁悬浮列车

从实验室走进社会——改变生活的物理学

上海磁悬浮列车是"常导磁斥型"（简称"常导型"）磁悬浮列车。是利用"同性相斥"原理设计，是一种排斥力悬浮系统，利用安装在列车两侧转向架上的悬浮电磁铁和铺设在轨道上的磁铁，在磁场作用下产生的排斥力使车辆浮起来。就是说，轨道产生磁力的排斥力与列车的重力保持在一个相应平衡的量时，列车就会悬浮起来。

◆磁悬浮列车是怎么浮起来的？

原理介绍
磁悬浮列车前进动力

列车头部的电磁体 N 极被安装在靠前一点的轨道上的电磁体 S 极所吸引，同时又被安装在轨道上稍后一点的电磁体 N 极所排斥。列车前进时，线圈里流动的电流方向就反过来，即原来的 S 极变成 N 极，N 极变成 S 极。周而复始，列车就向前奔驰。

列车底部及两侧转向架的顶部安装电磁铁，在"工"字轨的上方和上臂部分的下方分别设反作用板和感应钢板，控制电磁铁的电流使电磁铁和轨道间保持1厘米的间隙，让转向架和列车间的排斥力与列车重力相互平衡，利用磁铁排斥力将列车浮起1厘米左右，使列车悬浮在轨道上运行。这必须精确控制电磁铁的电流。

悬浮列车的驱动和同步直线电动机原理一模一样。通俗地说，在位于轨道两侧的线圈里流动的交流电，能将线圈变成电磁体，由于它与列车上的电磁体的相互作用，使列车开动。讲得更通俗直白一点，相当于电动机转子和定子之间的旋转运动变成了磁悬浮列车和轨道之间的直线运功。磁悬浮列车相当于电动机的转子，而轨道相当于电动机的定子。

走进诺贝尔奖名人堂

万花筒

稳定性的控制

"常导型磁斥式"导向系统,是在列车侧面安装一组专门用于导向的电磁铁。列车发生左右偏移时,列车上的导向电磁铁与导向轨的侧面相互作用,产生排斥力,使车辆恢复正常位置。

链接——悲惨的试运行

◆德国磁悬浮列车撞车

2006年,德国磁悬浮控制列车在试运行途中与一辆维修车相撞,报道称车上共29人,当场死亡23人,实际死亡25人,4人重伤。这说明磁悬浮列车突然情况下的制动能力不可靠,不如轮轨列车。在陆地上的交通工具没有轮子是很危险的。因为列车要从动量很大降到静止,要克服很大的惯性,只有通过轮子与轨道的制动力来克服。磁悬浮列车没有轮子,如果突然停电,靠滑动摩擦是很危险的。此外,磁悬浮列车又是高架的,发生事故时在5米高处救援很困难,没有轮子,拖出事故现场困难;若区间停电,其他车辆、吊机也很难靠近。

超导技术的九十年

1911年,荷兰莱顿大学的卡末林·昂内斯意外地发现,将汞冷却到 $-268.98℃$ 时,汞的电阻突然消失;后来他又发现许多金属和合金都具有

从实验室走进社会——改变生活的物理学

与上述汞相类似的低温下失去电阻的特性，由于它的特殊导电性能，昂内斯称之为超导态。他由于这一发现获得了1913年诺贝尔奖。这一发现引起了世界范围内的震动。在他之后，人们开始把处于超导状态的导体称之为"超导体"。超导体的直流电阻率在一定的低温下突然消失，被称作零电阻效应。导体没有了电阻，电流流经超导体时就不发生热损耗，电流可以毫无阻力地在导线中形成强大的电流，从而产生超强磁场。

◆超导"之父"——昂内斯

1933年，荷兰的迈斯纳和奥森菲尔德共同发现了超导体的另一个极为重要的性质，当金属处在超导状态时，这一超导体内的磁感应强度为零，却把原来存在于体内的磁场排挤出去。对单晶锡球进行实验发现：锡球过渡到超导态时，锡球周围的磁场突然发生变化，磁力线似乎一下子被排斥到超导体之外去了，人们将这种现象称之为"迈斯纳效应"。

◆在极端低温下，小磁铁离开锡盘表面，漂浮起来

后来人们还做过这样一个实验：在一个浅平的锡盘中，放入一个体积很小但磁性很强的永久磁体，然后把温度降低，使锡盘出现超导性，这时可以看到，小磁铁竟然离开锡盘表面，慢慢地飘起，悬浮不动。

迈斯纳效应有着重要的意义，它可以用来判别物质是否具有超导性。

为了使超导材料有实用性，人们开始了探索高温超导的历程，从1911

走进诺贝尔奖名人堂

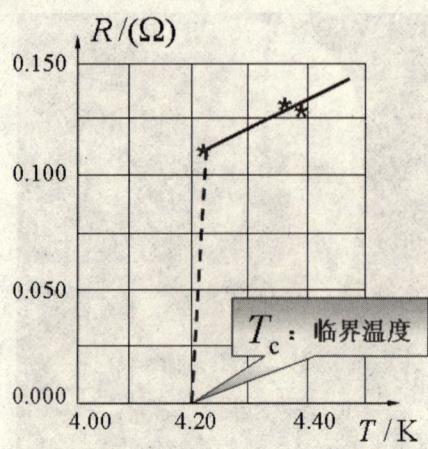

◆在4.2K附近,汞的电阻突然降为零

年至1986年,超导温度由水银的4.2K提高到23.22K。1986年1月发现钡镧铜氧化物超导温度是30K,12月30日,又将这一纪录刷新为40.2K,1987年1月升至43K,不久又升至46K和53K,2月15日发现了98K超导体,2009年10月10日,突破254K(−19℃)。高温超导体取得了巨大突破,使超导技术走向大规模应用。

点击——跨时代的交通工具

◆超导船

超导材料和超导技术有着广阔的应用前景。超导现象中的迈斯纳效应使人们可以用此原理制造超导列车和超导船,由于这些交通工具将在悬浮无摩擦状态下运行,这将大大提高它们的速度和安静性,并有效减少机械磨损。利用超导悬浮可制造无磨损轴承,将轴承转速提高到每分钟10万转以上。超导列车已于20世纪70年代成功地进行了载人可行性试验,1987年开始,日本国开始试运行,但经常出现失效现象,出现这种现象可能是由于高速行驶产生的颠簸造成的。超导船已于1992年1月27日下水试航,目前尚未进入实用化阶段。利用超导材料制造交通工具在技术上还存在一定的障碍,但它势必会引发交通工具又一次革命的浪潮。

从实验室走进社会——改变生活的物理学

优秀的领导者

在超导的众多诺贝尔奖中,有一个是超导微观理论,又称BCS理论,它是常规超导体(一般是金属或者合金)的基础理论,也是凝聚态物理里面一个非常重要的理论。BCS其实是三个人名字的缩写,让我们永远记住这三位杰出的物理学家:巴丁、库珀和施里弗。他们三个解决了困惑人们数十年的超导之谜,取得了凝聚态理论的一次重要突破。

◆20世纪50年代的第一款晶体管收音机

巴丁是唯一一个获得两次诺贝尔物理学奖的物理学家。你或许对这个人不大熟悉,但是要是看一下你电脑里面的结构就知道他贡献的重要性了。巴丁是晶体管的发明者、半导体理论的创立者、超导微观理论的建立者。晶体管的发明是20世纪最伟大的发明之一,也是改变人类生活最重要的发明之一,有了它,一系列电子器件尤其是计算机得到了高速的发展。计算机在之前并不是没人造过,有个数学家曾经发明过靠机械运转的计算机,但是因为经费告罄而半途而废,晶体管计算机的出现彻底改变了

◆1947年12月23日,巴丁与W. B. 肖克莱和W. H. 布拉顿制成点接触晶体管,共同获得1956年度诺贝尔物理学奖

人类的世界。半导体理论的进展直接促进了半导体集成电路的出现和改进,计算机更是飞速地发展,如果你看巴丁当年的晶体管,你会觉得是"老土",可就是这么简单的东西改变了20世纪人类的世界。

走进诺贝尔奖名人堂

科技导航

绝缘体中也存在"库珀电子对"

BCS 理论表明,超导材料中的电子成对存在,即所谓的"库珀对",并且会在材料中平稳而无限地流动。在 BCS 理论提出 50 周年之际,美国的物理学家又写下了令人惊讶的一笔。布朗大学的研究小组发现,库珀对不仅仅形成于超导体中,在绝缘体中同样存在。这一成果十分重要,连库珀本人也给予了高度评价。

与物理学对话

◆1972 年库珀(左),施里弗(右)和巴丁,一起获得了诺贝尔物理学奖

巴丁在 BCS 理论中是老大,并不是说他是主要贡献者,但他绝对是一个优秀的组织者,他用十分锐利的眼光召集到了库珀和施里弗。当时巴丁已经获得第一个诺贝尔奖,在科学界大名鼎鼎,作为如此优秀的科学家,已经没啥可以遗憾的了。可巴丁就是这么一个不满足现有成就的人,他瞄准了极其困难的超导理论,那时超导还是一个迷,没人可以解释这么美妙的现象。

当时库珀来他那里访问,于是巴丁问他有没有兴趣研究超导。库珀年轻气盛,加上迫切希望找到一个职位养家糊口,很快就答应了下来。BCS 的突破就在于库珀的天才。在大家百思不得其解的时候,库珀想到了一个问题,如果电子之间存在微弱的相互吸引作用,那么会如何?经过简单的计算,他得到了结论:在 Fermi 面附近的电子如果存在微弱的吸引作用,无论吸引作用多大,那么这样构成的电子对将会存在一个能量更低态,也就是说,电子会发生凝聚,金属态将塌缩。库珀成功提出电子对的概念,后来命名库珀对,这就是 BCS 理论的灵魂。

从实验室走进社会——改变生活的物理学

科技文件夹

BCS 的诺贝尔奖却姗姗来迟，大概是因为一个理论需要实验的验证。在充分的实验验证下，BCS 站住了脚，经受了考验，终于被大家接受。并在公布二十多年后获得诺贝尔物理学奖。

有了库珀，巴丁还需要找一个干活的研究生，就问了他新来的学生施里弗。库珀已经完成库珀对存在可能性的证明，那个证明是完美的。有了电子对的概念，下一步就是找到波函数。施里弗想了很久，没有头绪。就在他满脑乱麻的时候，他作为散心去听了一个粒子物理方面的报告，里面提到了一个简单的波函数，施里弗眼睛一亮。回去后他硬是凑出了一个波函数，而且他发现，这个波函数可以简单地描述超导。

有了电子对以及波函数后，大家充满了兴奋。巴丁于是决定"闭关修炼"，三个人关在屋子里苦算了三四十天。打开门的时候，他们骄傲地宣布，超导微观理论诞生了。从此超导研究开始了新的篇章。

点击——高温超导材料的发现

高临界温度超导电性的探索是凝聚态物理学的一个重要课题。自从发现超导电性以来，人们逐渐认识到超导技术有广泛应用的潜在价值，世界各国花了很大力气开展这方面的工作。但是超导转变温度太低，离不开昂贵的液氦设备。所以，从昂内斯的时代起，人们就努力探索提高超导转变临界温度 T_c 的途径。德国物理学家柏诺兹和瑞士物理学家缪

◆德国物理学家柏诺兹（右）与瑞士物理学家缪勒（左）

与物理学对话

"科学就在你身边"系列

走进诺贝尔奖名人堂

勒从1983年开始集中力量研究稀土元素氧化物的超导电性。1986年他们终于发现了一种氧化物材料,其超导转变温度比以往的超导材料高出12℃。这一发现导致了超导研究的重大突破,柏诺兹和缪勒也因此获1987年诺贝尔物理学奖。

研究神秘现象的科学奇人

◆科学奇才——布赖恩·约瑟夫森

◆用约瑟夫森结制成的超导量子干涉仪

布赖恩·约瑟夫森1940年出生于英国威尔士的卡迪夫,父母是犹太人。一般来说,犹太人家庭对宗教是很重视的,因为那是保存自己民族的重要手段。不过,约瑟夫森很早就放弃了犹太教信仰。年轻的时候,他一度是位彻底的唯物论者,相信任何现象都能通过科学得到解释。

中学毕业后,约瑟夫森进入剑桥大学的三一学院攻读物理。这是一所出过牛顿、麦克斯韦这样一些伟大科学家的著名学院。在这个人才济济的地方,约瑟夫森依然算得上是一位优秀的学生。大学三年级,他就发表了一篇论文。文章中,他改进了计算相对论引力红移的方法。他的早熟的天才让当时指导他的老师都吃了一惊。有一位科学家后来评论说:"在短短几年里,约瑟夫森就发表了许多重要的论文,即使没有后来的发现,他也会在物理学史上占有一席之地。"

两年后,还在攻读博士学位的约瑟夫森发表了那篇关于超导体的著名文章。他从理论上提出超导体存在着一种有趣的量子效应:在两块超导体之间夹

从实验室走进社会——改变生活的物理学

一层很薄的绝缘体,那么即使不在绝缘体上加电压,也会有电流穿过这层绝缘体;假如加了电压,电流就会产生持续的高频率振荡。后来人们把这一效应命名为"约瑟夫森效应",把这样的绝缘层称为"约瑟夫森结"。贝尔实验室的两位科学家很快在实验上证明了这种效应的存在。

小知识

美国IBM瓦森研究室中心的江崎玲於奈,美国纽约州斯琴奈克塔迪通用电气公司的贾埃沃因为在有关半导体和超导体中的隧道现象的实验发现,分享了1973年的另一半诺贝尔物理学奖。

广角镜——与诺贝尔奖擦肩而过

在诺贝尔奖耀眼的光环里,有几个海外中国人的名字让国人耳熟能详,引以为傲——从早期的杨振宁、李政道……到后来的李远哲、崔琦。其实,在诺贝尔奖的万丈光芒之外,有更多伟大的科学家,曾被提名候选诺贝尔奖;他们与诺贝尔奖,曾经仅仅一步之遥。他们中间,也有我们的同胞。比如朱经武先生。他所研究的,是被称为在21世纪前途无限的材料科学。1987年,他成功地发现了新超导材料,将超导温度提高至−180℃,超过了液态氮的温度,开创了高温超导研究及应用的新纪元,打开了高温超导研究的大门。1987年,诺贝尔奖评审委员会将当年的物理学奖授予"在发现陶瓷材料的超导性方面有重大突破"的柏诺兹和缪勒。此前,朱经武已

◆华人物理学家——朱经武

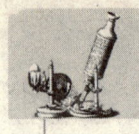

走进诺贝尔奖名人堂

做出比他们更好的成果。"诺贝尔奖该拿但没拿到的人很多。"朱经武说,"我的导师也是做高温超导的,1986年前的纪录都是他创造的。那个时候做这个很难的,提1度都是进步。导师虽得到提名,也没获奖。我没获奖,情绪也曾低落过。"

超群的超导磁体

由于超导材料在超导状态下具有零电阻和完全的抗磁性,因此只需消耗极少的电能,就可以获得10万高斯以上的稳态强磁场。而用常规导体做磁体,要产生这么大的磁场,需要消耗3.5兆瓦的电能及大量的冷却水,投资巨大。因此,超导材料最诱人的应用是发电、输电和储能。

与物理学对话

科技文件夹

在继气体、固体、液体、等离子体以及1995年创造出的玻色—爱因斯坦凝聚态之后,科学家创造出世界上第六种物质形态:费密冷凝物。专家预测,这种崭新的物质形态的出现有助于下一代超导体的诞生。

超导发电机——在电力领域,利用超导线圈磁体可以将发电机的磁场强度提高到5万~6万高斯,并且几乎没有能量损失,这种发电机便是交流超导发电机。超导发电机的单机发电容量比常规发电机提高5~10倍,达1万兆瓦,而体积却减少1/2,整机重量减轻1/3,发电效率提高50%。

磁流体发电机——磁流体发电机同样离不开超导强磁体的帮助。磁流体发电机发电,是利用高温导电性气体(等离子体)作导体,并高速通过磁场强度为5万~6万高

◆磁流体发电机

"科学就在你身边"系列

从实验室走进社会——改变生活的物理学

斯的强磁场而发电。磁流体发电机的结构非常简单，用于磁流体发电的高温导电性气体还可重复利用。

超导输电线路——超导材料还可以用于制作超导电线和超导变压器，从而把电力几乎无损耗地输送给用户。

超导磁悬浮列车——利用超导材料的抗磁性，将超导材料放在一块永久磁体的上方，由于磁体的磁力线不能穿过超导体，磁体和超导体之间会产生排斥力，使超导体悬浮在磁体上方。利用这种磁悬浮效应可以制作高速超导磁悬浮列车。

◆由我国自行设计、研制的世界上第一个"人造太阳"——全超导核聚变实验装置

超导计算机——超导计算机中的超大规模集成电路，其元件间的互连线用接近零电阻和超微发热的超导器件来制作，不存在散热问题，同时计算机的运算速度大大提高。此外，科学家正研究用半导体和超导体来制造晶体管，甚至完全用超导体来制作晶体管。

核聚变反应堆"磁封闭体"——核聚变反应时，内部温度高达1亿～2亿℃，没有任何常规材料可以包容这些物质。而超导体产生的强磁场可以作为"磁封闭体"，将热核反应堆中的超高温等离子体包围、约束起来，然后慢慢释放，从而使受控核聚变能源成为21世纪前景广阔的新能源。

链接——超导和超流同时获奖

通常条件下导线有电阻，因而大量电能浪费在传输过程中；流体在流动过程中自身会产生阻力，因而原油在输油管中流动需要外界提供动力。很多人会想到，如果电流传输、流体流动没有阻力该多好。2003年诺贝尔物理学奖表彰的成果恰恰与这两个奇妙的想法有关。2003年诺贝尔物理学奖授予美国阿尔贡国家实验室的阿力克谢·阿比瑞克索夫、俄罗斯科莱伯多夫物理研究所的维塔

走进诺贝尔奖名人堂

◆阿力克谢·阿比瑞克索夫(左)、维塔利·金兹伯格(中)、安东尼·莱格特(右)

利·金兹伯格和美国伊利诺斯大学教授安东尼·莱格特,以奖励他们在超导和超流理论方面的先驱性贡献。

瑞典皇家科学院说,超导和超流是存在于量子物理中的两种现象,三位科学家的研究成果对此做出了决定性的贡献。超导体可用于核磁共振成像仪和物理实验中的微粒加速等。而对超流体的认识可加深我们对物质运动状态的研究。阿布里科索夫和金茨堡等人让超导电性"走"出了超低温世界,而莱格特的成就是对物体在低温下的超流性进行了解释,即液态氦的黏性为何会在低温下消失。

从实验室走进社会——改变生活的物理学

从天然放射性物质到原子弹
——几代物理人的努力

核能是人类历史上的一项伟大发明，这离不开早期西方科学家的探索发现，他们为核能的应用奠定了基础。19世纪末英国物理学家汤姆孙发现了电子。1895年德国物理学家伦琴发现了X射线。1896年法国物理学家贝克勒尔发现了放射性。1898年居里夫人与居里先生发现新的放射性元素钋。1902年居里夫人经过4年的艰苦努力又发现了放射性元素镭。

◆核电站冷却塔

X射线闪亮登场

X射线的发现是19世纪末20世纪初物理学的三大发现（X射线1895年、放射生1896年、电子1897年）之一，这一发现标志着现代物理学的产生。

19世纪末，阴极射线是物理学研究课题，许多物理实验室都开展了这方面的研究。1895年11月8日，德国物理学家伦琴在研究阴极射线管的高压放电时，偶然发现镀有氰亚铂酸钡的硬纸板会发出荧光。这一现象立即引起了细心的伦琴的注意。经仔细分析，认为这是真空管中发出

◆X射线的发现者——威廉·伦琴

与物理学对话

"科学就在你身边"系列

走进诺贝尔奖名人堂

的一种射线引起的。于是一个伟大的发现诞生了。由于当时对这种射线不了解，故称之为X射线。后来也称伦琴射线。

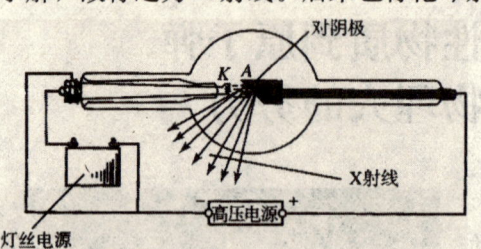

◆伦琴发现X射线所用的阴极射线管

伦琴发现，X射线的穿透能力对不同物质是不同的。他用X射线拍了一张其夫人手的照片。很快，X射线发现仅半年时间，在当时对X射线的本质还不清楚的情况下，X射线在医学上得到了应用。发展了X射线照相术。1896年1月23日伦琴在他的研究所作了第一个关于X射线的学术报告。1901年，伦琴因X射线的发现而获得第一个诺贝尔物理学奖。

随着研究的深入，X射线被广泛应用于晶体结构的分析以及医学和工业等领域。对于促进20世纪的物理学以至整个科学技术的发展产生了巨大而深远的影响。

知识库

什么是X射线

X射线是一种波长很短的电磁辐射，其波长约为 $(20\sim 0.06)\times 10^{-8}$ 厘米之间。它具有很高的穿透本领，能透过许多对可见光不透明的物质。这种肉眼看不见的射线可以使很多固体材料发生可见的荧光，使照相底片感光以及空气电离等效应。

小知识——令人爱恨交加的X光

自伦琴发现X射线以后，一股X射线热潮席卷社会。当X射线照射到生物机体时，生物细胞受到抑制、破坏甚至坏死。所以，X射线对正常机体有一定的伤害，人们需要采取相关的防护措施。

由于X射线穿过人体时，受到不同程度的吸收，如骨骼吸收的X射线量比

从实验室走进社会——改变生活的物理学

肌肉吸收的量多,那么通过人体后的X射线量就不一样,这样便携带了人体各部分密度分布的信息,在荧光屏上或摄影胶片上引起的荧光作用的强弱就有较大差别,因而在荧光屏上或摄影胶片上将显示出不同密度的阴影。根据阴影浓淡的对比,结合临床表现、化验结果和病理诊断,即可判断人体某一部分是否正常。

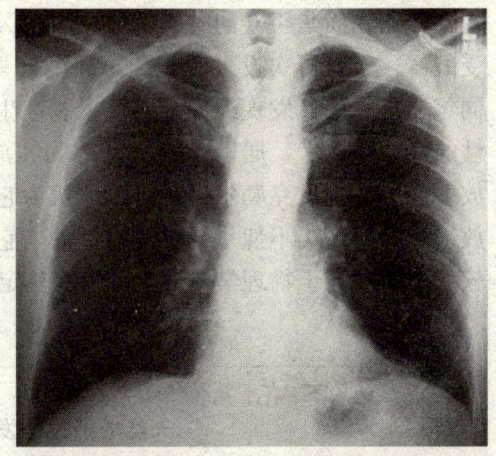

◆X胸透图片

与铀天然放射性的偶遇

安东尼·亨利·贝克勒尔是法国科学院院士,擅长于荧光和磷光的研究。1895年底,伦琴将他的初步通信:《一种新射线》和一些X射线照片分别寄给各国著名的物理学家,其中包括法国的庞加莱。庞加莱是著名的数学物理学家、法国科学院院士。1896年1月20日法国科学院开会,他带着伦琴寄给他的论文,并展示给与会的科学家。这件事大大激励了亨利·贝克勒尔的兴趣。他问这种穿透射线是怎样产生的?庞加莱回答说,这一射线似乎是从阴极对面

◆法国物理学家——安东尼·亨利·贝克勒尔

发荧光的那部分管壁上发出的。贝克勒尔推想,可见光的产生和不可见X射线的产生或许是出于同一机理。第二天他就开始实验荧光物质会不会产生X射线。然而,贝克勒尔最初的一些实验却是失败的。正在这个时候,庞加莱在法国一家科普杂志上发表了一篇介绍X射线的文章,文章有一次

与物理学对话

"科学就在你身边"系列 · 65

走进诺贝尔奖名人堂

提到荧光物质是否会同时辐射可见光和 X 射线的问题。贝克勒尔读到后很受鼓舞，于是再次投入荧光和磷光的实验，终于找到了铀盐有这种效应。同年5月，他又发现纯铀金属板也能产生这种辐射，从而确认了天然放射性的存在。后来，居里夫妇将其称为"放射性"。现在，我们称其为天然放射性。尽管贝克勒尔当时错误地认为它是某种特殊形式的荧光，但天然放射性的发现仍不愧是划时代的事件，它打开了微观世界的大门，为原子核物理学和粒子物理学的诞生和发展奠定了实验基础。

 **万花筒**

天然放射性的发现过程

贝克勒尔用厚黑纸包了一张感光底片，在黑纸上面放铀盐，然后拿到太阳下晒几个小时，显影之后，他在底片上看到了磷光物质的黑影。他又在磷光物质和黑纸之间夹一层玻璃，也做出同样的实验，证明这一效应不是由于太阳光线使磷光物质发出某种蒸气而产生化学作用所致。于是得出结论：铀盐在强光照射下不但会发可见光，还会发穿透力很强的 X 射线。

 **小知识——特殊的铀元素**

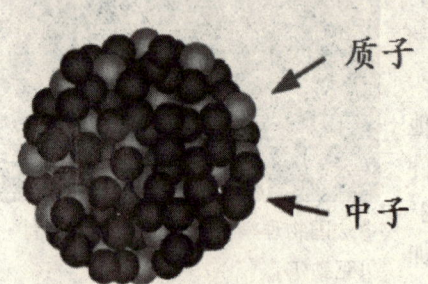

◆铀原子核

铀是存在于自然界中的一种稀有化学元素，具有放射性。铀主要含三种同位素，即铀238、铀235和铀234，其中只有铀235是可裂变核元素，在中子轰击下可发生链式核裂变反应，可用作原子弹的核装料和核电站反应堆的燃料。

获得铀需要非常复杂的系列工艺，要经过探矿、开矿、选矿、浸矿、炼矿、精炼等流程，而浓缩分离是其中最后的流程，需要很高的科技水平。获得1千克武器级铀235需要200吨铀矿石。由于涉及核武器问题，铀浓缩技术是国际社会严禁扩散的敏感技术。

从实验室走进社会——改变生活的物理学

镭之母——居里夫人

玛丽·居里出生于波兰，因当时波兰被占领，转入法国国籍。是法国的物理学家、化学家，世界著名科学家。她主要研究放射性现象，发现镭和钋两种天然放射性元素，被人称为"镭的母亲"。

1898年，居里夫妇对这种现象提出了一个逻辑的推断：沥青铀矿石中必定含有某种未知的放射成分，其放射性远远大于铀的放射性。在之后的几年里，居里夫妇不断地提炼沥青铀矿石中的放射成分。经过不懈的努力，他们终于成功地分离出了氯化镭并发现了两种新的化学元素：钋（Po）和镭（Ra）。因为他们在放射性上的发现和研究，居里夫妇和亨利·贝克勒尔共同获得了1903年的诺贝尔物理学奖，居里夫人也因此成为了历史上第一个获得诺贝尔奖的女性。8年之后的1911年，居里夫人又因为成功分离了镭元素而获得诺贝尔化学奖。

◆著名科学家——居里夫人

◆居里夫人与她的大女儿在工作

出乎意外的是，居里夫人的大女儿伊伦和女婿约里奥是一起同在实验室里工作的同事。玛丽·居里虽然失去了忠实的伴侣皮埃尔·居里（1906年车祸去世），而现在又有了两个助手。伊伦与约里奥结婚后在生活和工作中相敬相助。1934年，他们用阿尔法粒子轰击铅、硼、镁，也就是通过核反应的方法由人工制造出放射性同位素，从而首次产生了人工放射性物质。由于这一发现，他们在1935年获得诺贝尔化学奖。

走进诺贝尔奖名人堂

居里夫人并没有为提炼纯净镭的方法申请专利,而将之公布于众,这种做法有效地推动了放射化学的发展。

广角镜——与诺贝尔奖3次擦肩而过

与物理学对话

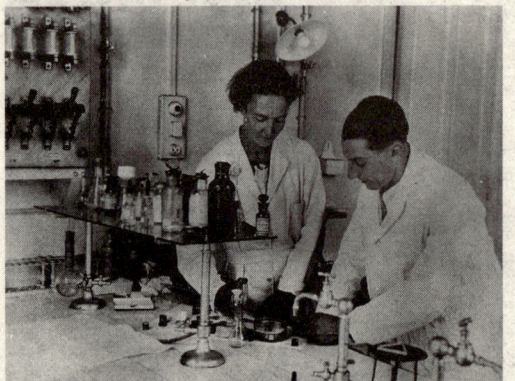

◆法国物理学家约里奥·居里夫妇

法国物理学家约里奥·居里夫妇是名扬四海的皮埃尔·居里夫妇的女婿和女儿,他们因"人工放射性"的发现荣获1935年诺贝尔化学奖。约里奥·居里夫妇虽然对科学发展做出了很大贡献而声名显赫,然而他们在科学发现过程中却有3次重大失误,一次是与中子擦肩而过,另一次是对正电子视而不见,还有一次是走进了核裂变的大门却又转身离去,否则他们有可能4次荣获诺贝尔奖。约里奥·居里夫妇作为实验物理学家,对科学研究的献身精神、执著的追求、精湛的实验技术,堪称典范。然而中子、正电子、核裂变的3次重大发现与之失之交臂实在可惜。

铀裂变的重大发现

放射性现象的发现,把人们对于原子的认识引向深入,原子核的秘密逐渐被揭开了。在用中子轰击各种元素的原子核时,人们不但发现用中子能实现许多核反应,创造出多种放射性元素(称同位素),同时还发现:中子竟是一把打开原子能宝库的钥匙。

年轻的意大利物理学家费米也着手制取放射性同位素。他的实验有个

从实验室走进社会——改变生活的物理学

特点：他是用中子而不是像约里奥·居里那样用α粒子去轰击各种元素。因发现用中子产生新的放射性元素和开展慢中子核反应的研究工作，获得了1938年的诺贝尔物理学奖。

按照当时的一般看法，铀经中子轰击后形成的新放射性同位素，与铀的原子序数不应相差很大。但根据已有的资料来看，从86号到92号元素，没有一个同位素的半衰期与上述四种符合。于是费米就假定，他所发现的β放射性，是铀俘获一个中子后经β衰变所形成的93号元素（或原子序数更高的元素）放射出来的。也就是说，他认为自己发现了所谓"超铀元素"。

费米的这一发现在科学界引起了广泛的注意。有一些科学工作者对费米的结论表示怀疑，认为他的实验结果也可作别种解释。

◆物理学家费米

◆哈恩和梅特纳在做实验

德国科学家哈恩和梅特纳对"超铀元素"加以详细研究之后，很快地看到，事情要比费米最初所设想的复杂得多。哈恩于1938年和F.斯特拉斯曼一起发现核裂变现象。铀经过中子照射后产生一些β放射性元素，他们鉴定核反应产物后，肯定其中之一是放射性钡。

与物理学对话

走进诺贝尔奖名人堂

 知 识 窗

链式核裂变

原子的原子核在吸收一个中子以后会分裂成两个或多个质量较小的原子核，同时放出2个到3个中子和很大的能量，又能使别的原子核接着发生核裂变……使过程持续进行下去，这种过程称作链式反应。

奥地利女物理学家梅特纳和她的侄子弗瑞士很受启发，他们正在寻找一个合适的名词，来表示原子核被打破而分裂的现象，决定采用细胞分裂的"分裂"这个名词，来表示原子分裂，把它称为"核裂变"，或"原子分裂"。

梅特纳用数学方法分析了实验结果。她推想钡和其他元素就是由铀原子核的分裂而产生的。但当她把这类元素的原子量相加起来时，发现其和并不等于铀的原子量，而是小于铀的原子量。说明在核反应过程中，发生了质量亏损。梅特

◆核裂变反应

纳认为，这个质量亏损的数值正相当于反应所放出的能。她根据爱因斯坦的质能关系式算出了每个铀原子核裂变时会放出的能量。

弗瑞士用实验证实这种设想，他也用中子轰击铀，当中子击中铀核时，能观察到那异常巨大的能量几乎把测量仪表的指针逼到刻度盘以外。弗瑞士与梅特纳于1939年2月在《自然》杂志上发表了他们的报告。

 原 理 介 绍

质量亏损

如果把1个单位质量的中子和1个单位质量的质子放在一起，形成的原子核的质量并不等于2个单位质量。科学测量一再证实，任何一个原子核的质量总是小于组成这个核的质子和中子的单独质量之和。科学家把少掉的那一份质量称为原子核的质量亏损。

从实验室走进社会——改变生活的物理学

铀核分裂产生的这个能量,比相同质量的物质发生化学反应放出的能量大几百万倍以上。这种新形式的能量就是原子核裂变能,也称核能,或原子能。但当时,只注意到释放出惊人的能量,忽略了释放中子的问题。稍后,哈恩、约里奥·居里等人又有了更重要的发现:在铀核裂变释放出巨大能量的同时,还放出两三个中子来。

小知识

1944年,哈恩因为发现了"重核裂变反应",荣获该年度的诺贝尔化学奖。但是,在这一研究中曾经与其合作并做出过重大贡献的梅特纳和斯特拉斯曼却没有获此殊荣,对此,人们不免感到遗憾。

轶闻趣事——颁发错的诺贝尔奖

中子被发现以后,科学家就利用它去轰击各种元素,研究核反应。费米为首的一批青年人,轰击当时元素周期表上最后一个元素铀。当用中子轰击时,他们发现铀被激活了,并产生出好些种元素。他们认为,在这些铀的衰变产物中,有一种是原子序数为93的新元素。这是由于中子打进铀原子核里,

◆著名物理学家费米(中)

使铀的原子量增加而转变成的新元素。

1938年11月10日,也就是"93号元素"发现4年多以后,费米接到来自斯德哥尔摩的电话,表彰他认证了由中子轰击所产生的新的放射性元素,以及他在这一研究中发现由慢中子引起的反应。

1938年11月22日,也就是在诺贝尔奖颁发后的12天,哈恩把分裂原子的报告寄往柏林《自然科学》杂志,该杂志1939年1月便登出了哈恩的论文,推翻了费米的实验结果。显而易见,诺贝尔奖颁发错了!

走进诺贝尔奖名人堂

听到这惊人的消息，费米的第一个反应是来到哥伦比亚大学实验室，利用那里较好的设备，重复了哈恩的试验，结果和哈恩的试验一样。

这一事实，对费米来说无疑是难堪的。然而和人们想象的相反，费米坦率地检讨和总结了自己的错误判断，表现了一个科学家服从真理的高尚品质。

◆费米实验室以著名的理论物理学家费米的名字命名，建立于 1967 年，是美国最重要的物理学研究中心之一

链接——核反应堆的秘密

1942 年 12 月 2 日，在美国芝加哥体育场的看台下，世界上第一座用石墨作减速剂的原子核反应堆竣工落成。原子核反应堆能可控地放出大量的能量，人类从此进入了核能时代。

链式反应产生大量热能。用循环水（或其他物质）带走热量才能避免反应堆因过热烧毁。导出的热量可以使水变成水蒸气，推动汽轮机发电。由此可知，核反应堆最基本的组成是裂变原子核＋热载体。但是只有这两项是不能工作的。因为，高速中子会大量飞散，这就需要使中子减速以增加与原子核碰撞的机会；核反应堆要依人的意愿决定工作状态，这就要有控制设施；铀及裂变产物都有强放射性，会对人造成伤害，因此必须有可靠的防护措施。综上所述，核反应堆的合理结构应该是：核燃料＋慢化剂＋热载体＋控制设施＋防护装置。

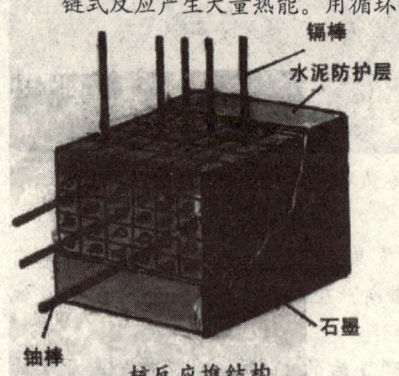

◆石墨反应堆

从实验室走进社会——改变生活的物理学

平板电视的思考——液晶技术

液晶的发现已经有一百多年的历史了。然而在未曾找到其实际用途之前,长期仅停留在少数科学家的实验室里,被当作珍品做一些探索性的实验研究。如今,液晶已变成由化学家、物理学家、生物学家、工程技术人员和医药工作者共同关心与研究的领域,并先后建立了液晶化学、液晶物理学、液晶生物学、液晶电子学等多门交叉学科,使液晶在多门交叉学科中大显神威,并引起了一场新的技术革命。

◆液晶态

液晶的发现之路

1888年奥地利植物学家菲德烈·莱尼泽发现了一种特殊的物质。他从植物中提炼出一种称为螺旋性甲苯酸盐的化合物,在对这种化合物做加热实验时,他意外地发现此种化合物具有两个不同温度的熔点。而它的状态介于我们一般所熟知的液态与固态物质之间,有点类似肥皂水的胶状溶液,但它在某一温度范围内却具有液体和结晶双方性质的物质,具有独特的状态。

◆德国物理学家莱曼和奥地利植物学家莱尼泽

1989年,德国物理学家莱曼发现,许多有机物都可以出现这种情况。在这

走进诺贝尔奖名人堂

◆液晶显示器原型发明人——乔治·海迈尔

种状态下，这些物质的机械性能与各向同性液体相似，但它们的光学特性却与晶体相似，是各向异性的。这就是说，这时的物质具有强烈的各向异性物理特征，同时又像普通流体那样具有流动性。莱曼称之为液晶。不过，虽然液晶早在1888年就被发现，但是真正变为实用的物质，却是在80年后的事情了。

起初人们并不知道液晶有何用途。1968年，美国RCA公司普林斯顿实验室科学家海迈尔（F·Heimeier）发现了液晶的动态散射和相变的一系列的电光效应，研制出世界上第一块液晶显示器——动态散射（DSM）液晶显示器。1971～1972年又制造出了采用DSM液晶的手表，标志着液晶显示技术进入实用化阶段。但由于动态散射中的离子运动易破坏液晶分子，因而这种显示模式很快就被淘汰。1971年瑞士发明了扭曲向列型（TN）液晶显示器，而日本厂家使这一技术逐步成熟，制造成本降低，在20世纪80年代开始大量生产。

链接——"当代牛顿"——德热纳教授

1991年的诺贝尔物理学奖被法国物理学家德热纳教授所获得，这是为了表彰他对自然物体中有序与无序现象的研究所作的贡献。他的这一理论为手表和袖珍计算器的液晶显示打下了基础。他在1974年写成的《液晶物理学》一书，被认为是该领域的权威著作。德热纳在巴黎对记者说他为能够代表巴黎权威的物理化学学院获得此奖而感到高

◆液晶之父——德热纳

从实验室走进社会——改变生活的物理学

兴。他说"我所有的研究哪怕是基础的,也都永远是有独创的"。当液晶排列被比喻成篮子里的苹果,篮子一晃苹果就重新排列时,还有谁会不明白液晶如何重新排列?他被一些物理学家赞誉为"当代牛顿"。

到底什么是液晶?

在不同的温度和压强下物体可以处于气相、液相和固相三种不同的状态。其中液体具有流动性。它的物理性质是各向同性的,没有方向上的差别。固体(晶体)则不然,它具有固定的形状。构成固体的分子或原子在固体中具有规则排列的特征,形成所谓晶体点阵。晶体最显著的一个特点就是各向异性。由于晶体点阵的结构在不同的方向并不相同,因此晶体内不同方向上的物理性质也就不同。而液晶,因为它具有强烈的各向异性物理特征,同时又像普通流体那样具有流动性,处于固相和液相之间,所以它是物体的一种不同于以上三种物相的特殊状态。由于液晶相处于固相和液相之间,因此液晶相又称为中介相(介晶相),而液晶也称为中介物。

◆液晶高分子是棒状分子

◆1985年的CASIO TV-21,第一台便携式液晶电视

大多数液晶高分子是棒状分子。人们根据分子排列的不同把液晶分为胆甾相、近晶相、向列相等形态。低温下它是晶体结构,高温时则变为液体,在中间温度则以液晶形态存在。

与物理学对话

"科学就在你身边"系列　　· 75 ·

走进诺贝尔奖名人堂

知识库

液晶材料的优点

液晶显示材料具有明显的优点：显示信息量大、彩色显示、无闪烁、对人体无危害、生产过程自动化、成本低廉、可以制成各种规格和类型的液晶显示器，便于携带等。由于这些优点，用液晶材料制成的计算机终端和电视可以大幅度减小体积等。

科技文件夹

液晶对气体和蒸气污染的灵敏度高于氧、氮及惰性气体。它能记录有害气体的浓度，并能精确测定漏气部位，以保证安全，测量的灵敏度可达百万分之几，这对环境保护监测工作有重要价值，例如胆甾液晶对不同有机溶剂气体可显示不同的颜色。

液晶材料目前最主要的应用就是用来制造显示器。当然，任何材料的用途都是多方面的。因此液晶在其他领域的应用也日益受到人们的重视。比如：液晶高分子可以作为结构材料，用来制造高强度的防弹衣、舰船缆绳等；由于具有很小的膨胀系数，可以用于微波炉具，用作光纤的包覆层；在电子学方面，可以作液晶电子光快门、压力传感器、温度传感器，以及信息存储器件；在生命科学方面，有关生物液晶的研究已经取得了很多成果；在航空航天领域，可用于航天飞机、宇宙飞船、人造卫星等。可以预料，在不远的将来，液晶材料将会得到更大规模的应用。

广角镜——从铅笔到液晶王国

夏普（Sharp）在世界25个国家、62个地区开展业务，作为一个大型的综合性电子信息公司，开辟了新的领域并一直在为大家生活质量的提高和社会的进步作着贡献和努力。早期的夏普并不是制造电视机和电器，而是制造自动铅笔，

从实验室走进社会——改变生活的物理学

更令人惊奇的是，夏普是自动铅笔的发明商，这太令人惊奇了。而SHARP这个品牌也是缘于自动铅笔芯，令人大为感叹！如今的夏普早已成为一家世界500强企业，强大的研发力量、先进的设计理念将支持夏普成为一家专业从事家电、办公设备、电子元器件等领域的具有权威性地位的企业。无论是可以称之为"液晶之父"的AQUOS液晶电视、世界市场份额占28％的太阳能电池、具有综合全面功能的数码复合机、有效杀菌的派离克技术还是全新理念的水波炉烹调器都在不断地为消费者创造一个又一个的惊喜。

◆1973年的Sharp EL－805，第一台使用液晶显示器的计算器

与物理学对话

走进诺贝尔奖名人堂

与物理学对话

电脑硬盘的革命——巨磁电阻

◆"巨磁电阻"的发现,大幅度缩小了电脑的体积,也造就了大容量的手提音乐和录像播放器(如MP3和MP4等)

体积越来越小,容量越来越大——在如今这个信息时代,存储信息的硬盘自然而然被人们寄予了这样的期待。得益于"巨磁电阻"效应这一重大发现,我们能够在笔记本电脑、音乐播放器等所安装的越来越小的硬盘中存储海量信息。

法国科学家阿尔贝·费尔和德国人皮特·克鲁伯格因发现"巨磁电阻"效应共同获得2007年诺贝尔物理学奖。根据这一效应开发的小型大容量计算机硬盘已得到广泛应用。这项技术被认为是"前途广阔的纳米技术领域的首批实际应用之一"。

小硬盘中的大发现

所谓巨磁电阻效应,是指磁性材料的电阻率在有外磁场作用时较之无外磁场作用时存在巨大变化的现象。巨磁电阻是一种量子力学效应,它产生于层状的磁性薄膜结构。这种结构是由铁磁材料和非铁磁材料薄层交替叠合而成。当铁磁层的磁矩相互平行时,载流子与自旋有关的散射最小,材料有最小的电阻。当铁磁层的磁矩为反平行时,与自旋有关的散射最强,材料的电阻最大。上下两层为铁磁材料,中间夹层是非铁磁材料。铁磁材料磁矩的方向是由加到材料的外磁场控制的,因而是一种用较小的磁

从实验室走进社会——改变生活的物理学

场也可以得到较大电阻变化的材料。

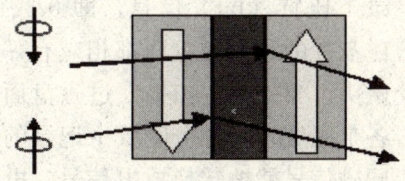 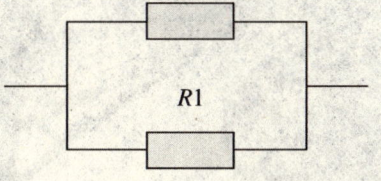

反铁磁耦合时（外加磁场为0）处于高阻态的导电输运物性，电阻：$R1/2$

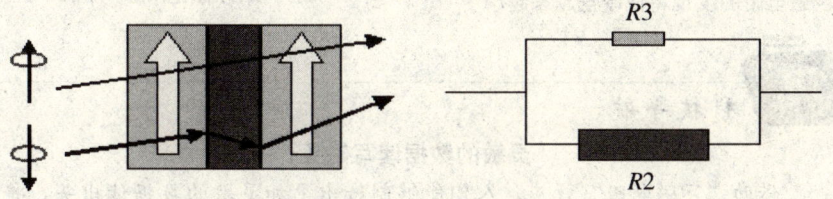

外加磁场使该磁性多层薄膜处于饱和状态时（相邻磁性层磁矩平行分布，而电阻处于低阻态的导电输运特性，电阻：$R2×R3/（R2+R3）$， $R2>R1>R3$）

◆巨磁电阻效应的原理示意图

万花筒

形象的比喻

诺贝尔评委会主席佩尔·卡尔松用两张图片的对比说明了巨磁阻的重大意义：一台1954年体积占满整间屋子的电脑，和一个如今非常普通、手掌般大小的硬盘。正因为有了这两位科学家的发现，单位面积介质存储的信息量才得以大幅度提升。

众所周知，计算机硬盘是通过磁介质来存储信息的。一块密封的计算机硬盘内部包含若干个磁盘片，磁盘片的每一面都被以转轴为轴心、以一定的磁密度为间隔划分成多个磁道，每个磁道又被划分为若干个扇区。

磁盘片上的磁涂层是由数量众多的、体积极为细小的磁颗粒组成，若

—— "科学就在你身边" 系列 ——　　　　　　　　·79·

走进诺贝尔奖名人堂

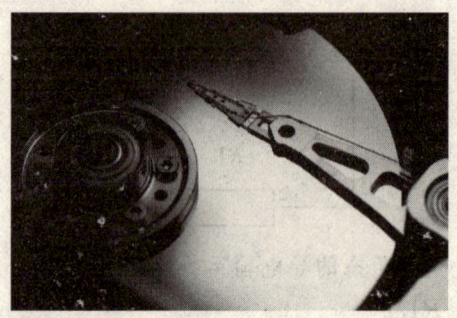

◆巨磁电阻的发现将使硬盘越来越小

干个磁颗粒组成一个记录单元来记录1比特（bit）信息，即0或1。磁盘片的每个磁盘面都相应有一个磁头。当磁头"扫描"过磁盘面的各个区域时，各个区域中记录的不同磁信号就被转换成电信号，电信号的变化进而被表达为"0"和"1"，成为所有信息的原始译码。

科技导航

灵敏的数据读写磁头

借助"巨磁电阻"效应，人们能够制造出更加灵敏的数据读出头，将越来越弱的磁信号读出来后因为电阻的巨大变化而转换成为明显的电流变化，使得大容量的小硬盘成为可能。

广角镜——见证奇迹发生的时刻

◆随着科技的进步，笔记本电脑将越来越迷你

1997年，全球首个基于巨磁电阻效应的读出磁头问世。正是借助了巨磁电阻效应，人们才能够制造出如此灵敏的磁头，能够清晰读出较弱的磁信号，并且转换成清晰的电流变化。新式磁头的出现引发了硬盘的"大容量、小型化"革命。如今，笔记本电脑、音乐播放器等各类数码电子产品中所装备的硬盘，基本上都应用了巨磁电阻效应，这一技术已然成为新的标准。

阿尔贝·费尔和皮特·克鲁伯格所发现的巨磁电阻效应造就了计算机

从实验室走进社会——改变生活的物理学

硬盘存储密度提高50倍的奇迹。单以读出磁头为例,1994年,IBM公司研制成功了巨磁电阻效应的读出磁头,将磁盘记录密度提高了17倍。1995年,宣布制成每平方英寸3Gb硬盘面密度所用的读出头,创下了世界纪录。硬盘的容量从4GB提升到了600GB或更高。

费尔和克鲁伯格小传

阿尔贝·费尔1938年3月7日出生于法国的卡尔卡松。1962年,费尔在巴黎高等师范学院获数学和物理硕士学位。1970年,费尔从巴黎第十一大学获物理学博士学位。费尔从1970年到1995年一直在巴黎第十一大学固体物理实验室工作。后任研究小组组长。1995年至今则担任国家科学研究中心——Thales集团联合物理小组科学主管。1988年,费尔发现巨磁电阻效应,同时他对自旋电子学作出过许多贡献。费尔于2004年当选法国科学院院士。阿尔贝·费尔目前为巴黎第十一大学物理学教授。

费尔在获得诺贝尔奖之前已经取得多种奖项,包括1994年获美国物理学会颁发的新材料国际奖,1997年获欧洲物理协会颁发的欧洲物理学大奖,以及2003年获法国国家科学研究中心金奖。

德国科学家皮特·克鲁伯格1939年5月18日出生。从1959年到

◆法国科学家阿尔贝·费尔

与物理学对话

走进诺贝尔奖名人堂

◆德国科学家皮特·克鲁伯格

与物理学对话

1963年，克鲁伯格在法兰克福约翰—沃尔夫冈—歌德大学学习物理，1962年获得中级文凭，1969年在达姆施塔特技术大学获得博士学位。

1988年，克鲁伯格在尤利西研究中心研究并发现巨磁电阻效应；1992年被任命为科隆大学兼任教授；2004年在研究中心退休，但仍在继续工作。

克鲁伯格在学术方面获奖颇丰，包括1994年获美国物理学会颁发的新材料国际奖（与阿尔贝·费尔、帕克林共同获得）；1998年获得由德国总统颁发的德国未来奖；2007年获沃尔夫基金奖物理奖。

万花筒

为生活增添一抹亮色

我们可以预见的是，在未来10到20年内，硬盘容量还会继续翻倍增长。如今，MP3音乐播放器中的硬盘直径已经小到只有0.85英寸，服务器中的硬盘直径也只有3.5英寸。若没有"巨磁效应"的发现，我们今天的生活会缺少很多色彩。

小心翼翼的追寻

——基本粒子面面观

人类对事物的认识过程总是曲折而漫长的。早在古希腊时期就有哲学家指出：世界是由原子组成的。但是直到20世纪初才由法国物理学家证实了原子的存在。事情远没有人们想象的那么简单。原子并不是不可分割的，原子是由更小的粒子组成。于是，质子、中子、中微子、介子……随着时间的推移纷纷浮出水面。但是，随后人们发现，质子、中子和介子等也不是不可分割的，它们是由更基本的"夸克"组成。1995年人们对粒子物理标准模型中最后一个夸克的搜寻，画下了一个圆满的句号。可是按照粒子物理标准模型，粒子世界由62种粒子构成。但人们只证实了60种粒子的存在。可见，要认识我们所在的这个世界，我们还有很长的路要走。

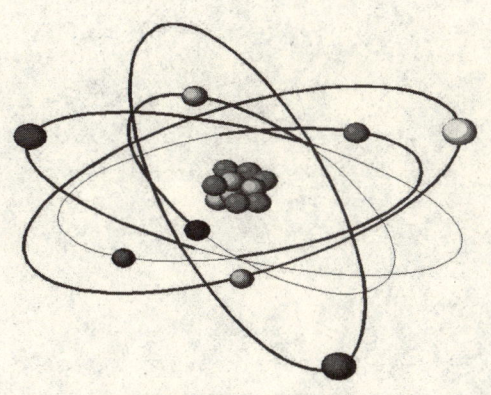

小算盘的奇异

—— 星本立方的面现

小心翼翼的追寻——基本粒子面面观

第一个粒子的发现——电子纪元的开创者

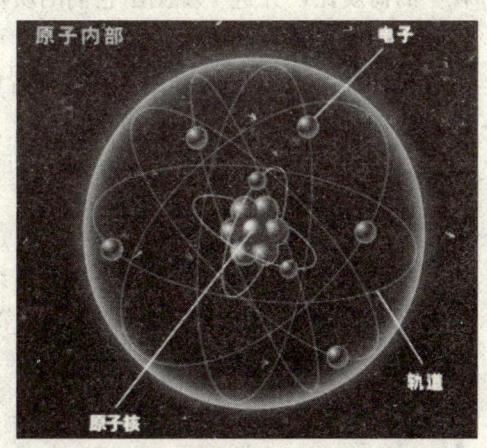

电子的发现是19世纪和20世纪之交物理学三个重大发现之一,也是人类最早发现并认识的第一个基本粒子。没有任何一个发现能像发现电子一样使人们能理解并解释众多的物理现象。人们对电子的研究形成了物理学中许多重要的理论和实验方法,有力地推动了人们对微观世界的认识,从而打开了现代物理学研究领域的大门。而汤姆孙就是一位敢于同传统观念决裂的勇士。

不可思议——电子的发现

现在虽然人们普遍承认电子是由汤姆孙在1897年发现的,但事实上在他之前有不止一个人做过类似的实验。我们来看看究竟是什么不同让汤姆孙在最终获得了这个荣誉。

汤姆孙实验的原理其实很简单,电子在与其运动方向垂直的电场中会偏转,实验中表现为阴极射线打在与其正对的

◆英国物理学家——J.J.汤姆孙

与物理学对话

走进诺贝尔奖名人堂

荧光屏上的点会偏移。由其偏移的方向可以判断出阴极射线带负电。再加上一个和电场方向相反的磁场,电子受的洛伦兹力与电场力反向,当光点偏移为零时说明两力相等。从两个力的比值可以求得电子的电荷和质量之比。汤姆孙在这些数据的基础上,宣布了电子的存在。继而,他采用静电偏转力和磁场偏转力相抵消等方法确定阴极射线粒子的速度,测量出这些粒子的荷质比,并进一步测出它们的质量约为氢原子质量的 1/1837。由此推断,阴极射线粒子比原子要小得多,可见这种粒子是组成一切原子的基本材料。1906 年,汤姆孙由于在气体导电方面的理论和实验研究而荣获诺贝尔物理学奖。

点击

电子的发现,直接证明了原子不是不可分割的物质最小单位。原子的自身还有结构,电子就是原子家族中的第一个成员。

广角镜——子承父业

Joseph John Thomson　　George Paget Thomson

◆汤姆孙父子

如果把获得诺贝尔奖的次数作为衡量标准,一些家族的确称得上人才辈出。对这些获奖者的家族而言,问鼎诺贝尔奖似乎已成为一种传统。J. J. 汤姆孙(Jospeh John Thomson),英国物理学家,电子的发现者。因通过气体电传导性的研究,测出电子的电荷与质量的比值,1906 年获诺贝尔物理学奖。他的儿子 G. P. 汤姆孙(George Paget Thomson),因通过实验发现受电子照射的晶体中的干涉现象,1937 年获得诺贝尔物理学奖。汤姆孙父子分别于 1906 年、1937 年获得诺贝尔物理学奖,是诺贝尔奖历史上 6 次"子承父业"的奇迹之一。

小心翼翼的追寻——基本粒子面面观

最美的实验——密立根油滴实验

1897年汤姆生发现了电子的存在后，人们进行了多次尝试，以精确确定它的性质。汤姆生又测量了这种基本粒子的比荷（荷质比），证实了这个比值是唯一的。许多科学家为测量电子的电荷量进行了大量的实验探索工作。电子电荷的精确数值最早是美国科学家密立根于1917年用实验测得的。密立根在前人工作的基础上，进行基本电荷量e的测量，他做了几千次测量，一个油滴要盯住几个小时，可见其艰苦的程度。

◆美国著名物理学家——R. A. 密立根

密立根通过油滴实验，精确地测定基本电荷量e的过程，是一个不断发现问题并解决问题的过程。为了实现精确测量，他创造了实验所必需的环境条件，例如油滴室的气压和温度的测量和控制。开始他是用水滴作为电量的载体的，由于水滴的蒸发，不能得到满意的结果，后来改用了挥发性小的油滴。

◆密立根设计的装置

最初，由实验数据通过公式计算出的e值随油滴的减小而增大，面对这一情况，密立根经过分析后认为导致这个谬误的原因在于，实验中选用的油滴很小，对它来说，空气已不能看作连续媒质，斯托克斯定律已不适用，因此他通过分析和实验对斯托克斯定律作了修正，得到了合理的结果。1923年12月10日，在瑞典斯德哥尔摩的音乐厅里，美国著名物理学家R. A. 密立根登上了领奖台，领取了物理学的最高荣誉——诺贝尔物理学

与物理学对话

走进诺贝尔奖名人堂

◆密立根油滴实验仪已经进入了学生实验

奖。他由于用"油滴法"巧妙而精确地测量了电子电荷以及在光电效应方面的研究而获此殊荣。

密立根的实验装置随着技术的进步而得到了不断的改进,但其实验原理至今仍在当代物理科学研究的前沿发挥着作用,例如,科学家用类似的方法确定出基本粒子——夸克的电量。

油滴实验中将微观量测量转化为宏观量测量的巧妙设想和精确构思,以及用比较简单的仪器,测得比较精确而稳定的结果等都是富有启发性的。

轶闻趣事——科学史上的著名公案

1981年,阿兰·富兰克林研究了密立根的实验记录本,发现密立根在记录本中对其观察结果进行打分,从"一般"到"最好"。根据记录本,密立根在1913年发表的论文依据的是140次观察,然而他把其中49次观察的数据舍弃不用,只根据91次他认为较好的观察结果的数据进行计算。但是,在论文中,密立根却声称该论文"代表了所有的油滴实验"。如果密立根把所有的观察数据都包括进去,虽然不会影响其结果,却会加大误差。这样,密立根通过有选择性地删除数据,获得了漂亮的实验结果,并且在论文中误导读者。像这样对实验数据进行修饰,不论是少报还是多报实验次数,不论是删除不利数据还是增添有利数据,都是一种严重的学术不端行为。

小心翼翼的追寻——基本粒子面面观

来自脑海中的灵感——云室的发明和改进

当人类活动的领域越过感觉器官极限的时候,仪器仪表就成了一切事业取得成功的前提。许多学科的进展首先取决于仪器仪表的进展。在19世纪,由于发明了测量电流的仪表,才使电学与磁学的研究迅速走上正轨,获得了一个又一个重大的发现,促进了电气时代的来临。由于威尔逊云室和众多核物理探测仪器的发明,人们才揭开了原子核反应神秘的面纱,逐渐展现出微观世界的真实图景,奠定了原子核物理学与日后原子能利用的基础。

◆在云室的粒子痕迹

威尔逊与云雾室

英国物理学家威尔逊经过研究,于1894年发明了一个叫"云雾室"的装置,它里面充满了干净空气和酒精(或乙醚)的饱和汽。如果闯进去一个肉眼看不见的带电微粒,它就成了"云雾"凝结的核心,形成雾点,这些雾点便显示出微粒运动的"足迹"。因此,科学家可以通过"云雾室",来观察肉眼看不见的基本粒子(电子、质子等)的运动和变化情况。同时,还发现了不少

◆英国物理学家威尔逊

与物理学对话

"科学就在你身边"系列

走进诺贝尔奖名人堂

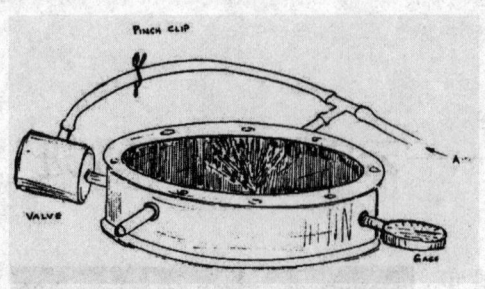

◆早期威尔逊设计的云雾室

新的基本粒子。威尔逊云雾室，为研究微观世界做出了卓越贡献。1927年，他因此荣获了诺贝尔物理学奖金。

云雾室也称云室是一种早期的核辐射探测器，也是最早的带电粒子径迹探测器。因发明者为英国物理学家威尔逊，一般称为威尔逊云室。威尔逊1894年起研究云雾中的光学现象。1895年，他设计了一套设备，使水蒸气冷凝来形成云雾。当时普遍认为，要使水蒸气凝结，每颗雾珠必须有一个尘埃为核心。威尔逊发现：潮湿而无尘的空气膨胀时出现水滴。他认为这可能是水蒸气以大气中导电离子为核心而凝聚的结果。

1895年，威尔逊在卡文迪什实验室时便开始了他对云的形成的研究。他让水蒸气在他设计好的玻璃容器中膨胀，发现达到饱和状态的水蒸气遇到游离的灰尘或者带电离子核，便会凝结成小水珠，这就是云雾形成的原因。据此，他经过反复实验，于1911年发明了著名的威尔逊云雾室。这种云雾室，利用蒸气绝热膨胀，温度降低，达到饱和状态，当带电粒子通过时，蒸气沿粒子轨道发生凝结，从而显示粒子径迹。利用其电离密度还可以测量粒子的能量和速度。

历史趣闻

中国人的贡献

中国物理学家霍秉权1931年进入剑桥大学研究院，他被导师威尔逊发明的"威尔逊云室"所深深吸引。霍秉权用橡皮膜代替原来的铜活塞，大大提高了云室的功效，威尔逊亲自著文在英国皇家学会介绍这一成就。

1896年他用当时新发现的X射线照射云室中的气体，观察到X射线穿过之处空气被电离，带电离子会形成细微的水滴，显示出X射线的运动

小心翼翼的追寻——基本粒子面面观

轨迹,威尔逊为云室增设了拍摄带电粒子径迹的照相设备,使它成为研究射线的重要仪器。1911年他首先用云室观察到并照相记录了α和β粒子的径迹。

科技文件夹

威尔逊云雾室是历史上最早建造的粒子径迹探测器,它对粒子物理学的发展起过重大作用,正电子、μ子等都是通过拍摄它们在云雾室中的径迹而发现的。

小知识——正电子的发现

在1930年,来自位于帕萨迪那的加利福尼亚理工学院的卡尔·安德逊开始研究宇宙射线。这些宇宙射线由当时不明成分的高能粒子组成,它们像雨一样降落在地球上。他使用云室来探测这些宇宙射线,云室中充满了过饱和的蒸气,宇宙射线经过云室的时候留下由一连串细小的液滴组成的径迹。当将云室放置于磁场中的时候,带电粒子的径迹就会变成曲线,曲线的形状取决于粒子的电荷和能量的大小。带负电的粒子向一个方向弯曲,而带正电的粒子则向相反的方向弯曲。安德逊用这种办法记录了大量的这种粒子径迹。1936年度的诺贝尔物理学奖金授予安德逊与奥地利物理学家赫斯。安德逊获奖是因为他发现了正电子。安德逊成为诺贝尔金获得者时不过31岁,当时他所在的加利福尼亚理工学院认为应当提升他为教授,而在提升之前,他便赴瑞典斯德哥尔摩领奖了。

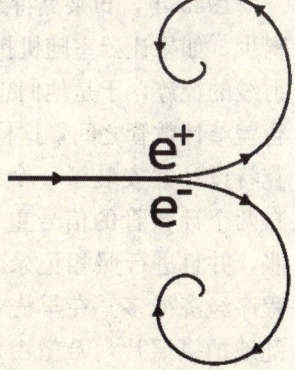

◆正电子和负电子的运行轨迹

走进诺贝尔奖名人堂

云室方法的改进

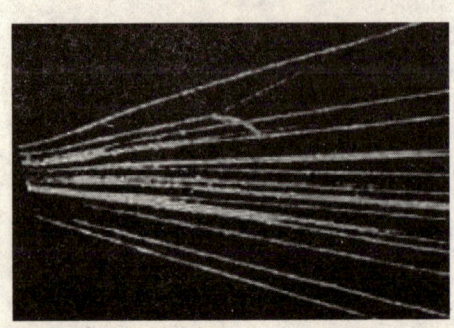

◆显示氮原子核俘获α粒子并发射一个质子的云室照片

师从著名物理学家卢瑟福的物理学家布莱克特将威尔逊云室用于核物理及宇宙射线研究。他从1921年起在剑桥大学卡文迪什实验室工作多年。1924年他用云室照片首次成功地验证了人工轻核转变，即氮—14核俘获α粒子变为氧—17。最初的云室不管出现的粒子轨迹是否有意义随时进行记录。1923年，美国物理学家康普顿利用威尔逊发明的云雾室成功地观察到了光子与电子的碰撞。

1925年，布莱克特开始用威尔逊云室来研究宇宙射线。由于宇宙射线稀少，如果让云室随机扩张拍照，大约每百张照片中只有2～5张上有宇宙射线的径迹，于是他们想到了云室摄影的自动化问题。他们将云室置于两台盖革计数管之间，这样，穿过两个计数管的宇宙射线必经过云室。布莱克特设计并安装了一个线路，使得只要来自两个计数管的信号重合，就触发云室膨胀，并且进行照相记录。这比先前采用的程序经济得多。在早先的方法中，人们胡乱地拍摄照片，希望由此发现所感兴趣的事件。布莱克特用这种计数管控制云室照相，大约80％的照片上有宇宙射线径迹。布莱克特还将云室置于磁场中，以便能从粒子径迹的曲率获得有关粒子电荷和动量的信息。布莱克特改进威尔逊云室方法及在核物理和宇宙线领域的发现，使他获得了1948年诺贝尔物理学奖。

◆物理学家布莱克特

小心翼翼的追寻——基本粒子面面观

人物志

布莱克特拥有灵巧的双手

在海军学院学过的机械工程基础和加工技术,为布莱克特的精湛的实验技术奠定了基础。他的那双手,熟练地设计云室。画出最小的每一个零件细节,没有一点错误,兴致勃勃地在车床上加工出来。他的手是灵巧的,是技工的、艺术家的强有力的双手,他做的东西很漂亮。他说物理学家应当是"杂而不精的人",他能够一部分一部分地设计和制作他的装置。

1953年,布莱克特又回到伦敦大学,担任帝国理工学院物理系主任,并于1963年退休,但仍担任物理学教授至1965年,其后任该院研究员。从第二次世界大战期间到20世纪60年代,他担任过英国政府和军事部门的许多重要职务。1942～1945年任海军部运筹学研究组组长;1949年以后任国家研究发展有限公司委员会成员;1954～1958年任欧洲核研究机构科学政策委员会成员;1955～1960年任国立核科学研究所管理委员会成员、战略研究所委员会成员和皇家国际事务研究所委员会成员;1964年工党掌权,他出任技术委员会代主席。

小知识——盖革计数器

盖革计数器最初是在1908年由德国物理学家汉斯·盖革和著名的英国物理学家卢瑟福在α粒子散射实验中,为了探测α粒子而设计的。后来在1928年,盖革又和他的学生米勒对其进行了改进,使其可以用于探测所有的电离辐射。1947年,美国人Sidney H. Liebson在其博士学位研究中又对盖革计数器做了进一步的改进,使得盖革管使用较低的工作电压,并且显著延长了其使用寿命。盖革计数器是根据射线对气体的电离性质设计成的。盖革计数器因为其造价低廉、使用方便、探测范围广泛,至今仍然被普遍地使用于核物理学、医学、粒子物理学及工业领域。

◆盖革计数器

走进诺贝尔奖名人堂

对称的美——反粒子的发现

与物理学对话

◆美国科幻电影中星际旅行中企业号太空舰

20世纪60年代，著名科幻电视连续剧《星际旅行》开始播出，在这部迄今已连续创作和播出五十年之久、拥有不止一代忠实观众的电视连续剧中，反物质是星际飞船的重要燃料。这一点现在已几乎成为所有以星际旅行为题材的科幻小说的共同特点。反物质概念在科幻小说中的频频出现，使公众对这一概念产生了浓厚的兴趣。那么，反物质这一概念最初是如何被提出的？人们是如何发现反物质的？反物质究竟是不是一种有效的燃料？我们的宇宙中到底是物质多呢还是反物质多？这些就是本专题向大家介绍的内容。

正电子的发现与反物质

人类的老祖宗早就开始思考物质是什么了。如同《道德经》里所说："道生一，一生二，二生三，三生万物。"古希腊人也就认为水、火、空气和泥土是构成物质的基本元素。时至今日，人类已经发现，物质由分子和原子组成，原子是由带负电的电子和带正电的原子核组成。再往下划分，物质又可以分成强子——由夸克组成，包括上夸克、下夸克、奇异夸克、粲夸克、底夸克和顶夸克；轻子——包括电子、电子中微子、μ子、

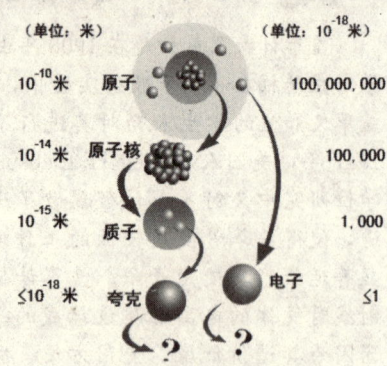

◆到今天为止我们对物质的结构的认识

· 94 ·　　　　　　　　　　　　　　　　　　　　　　　"科学就在你身边"系列

小心翼翼的追寻——基本粒子面面观

μ子中微子、τ子、τ子中微子；还有传播子——传递强作用的各种胶子。物质组成的研究，帮助人们重新认识了物质的世界，也帮助人们认清了物质之间的各种相互作用。

 **历史趣闻**
错过了发现正电子

约里奥·居里夫妇首先观察到正电子的存在，但这并未引起他们的重视，从而错过了这一伟大发现。这对居里夫妇也为人类做出过杰出贡献，他们除错过了正电子的发现外，还同样错过了中子的发现及核裂变的发现，以至于三次走到诺贝尔物理学奖的门槛前而终未能破门而入。但因他们在放射性方面的杰出贡献，他们仍获得了1935年的诺贝尔化学奖。

不过，世界上的万物是否可以统归入物质范畴呢？答案应该是对的，不过，这里的物质得再解释一下，那就是正物质与反物质。正物质的概念就如同人们现今普遍理解的含义，但反物质又是什么？

1932年，美国物理学家安德逊在宇宙射线中发现了一种新的粒子，它和电子具有相同的质量，却带着与电子电荷恰好相反的正电荷。这种新粒子就是电子的反粒子，也是人类发现的第一种反粒子，它被称为正电子。安德逊的这一发现揭开了人类探索反物质的帷幕，四年后他因为这一发现获得了诺贝尔物理学奖。

正电子的发现并不是一个出人意料的成就，因为在这之前，英国物理学家狄拉克曾经从理论上提出过一种有趣的观点。按照这种观点，我们平常认为一无所

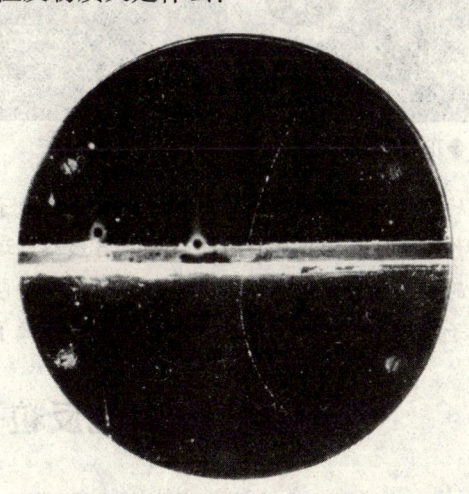
◆安德逊拍到的第一张正电子轨迹照片。正电子从上往下运动，穿过气室中央的铅板。其轨迹因磁场的作用而呈弧状

与物理学对话

走进诺贝尔奖名人堂

有的真空并非真正一无所有，而是装满了所谓的负能量电子。如果这些电子中有哪一个获得了足够的能量而变成正能量的电子——即普通电子，那么真空中的负能量电子就会出现一个空缺。分析表明，这种空缺具有的性质与正电子完全相同，因此正电子的存在可以算是被狄拉克预言过，虽然当时安德逊本人并不知道这一预言。

链接——正负电子的湮灭

◆正负电子的湮灭

狄拉克的观点有一个引人注目的推论，那就是由于正电子是一种空缺，因此当它与电子相遇时，后者有可能填回到空缺中，与它一同消失。这时它们的能量就会全部释放出来。这种过程很快在实验上得到了证实，它被称为正负电子的湮灭。狄拉克有关正电子的观点既简单又直观，因此广为流传。不过要提醒读者注意的是，这种观点并不具有普遍的正确性。在某些物理过程中，负能量电子可以变成普通电子，却并不伴随一个作为空缺而出现的正电子。而且自然界中还存在一大类粒子，对于它们，狄拉克的观点完全不适用。不过狄拉克的观点所包含的一些基本结论，比如粒子与反粒子具有相同的质量、相反的电荷，正反粒子可以相互湮灭等，却是普遍成立的。

其他反粒子家族

正电子成为人类发现的第一种反粒子并非偶然，因为与它相比，其他反粒子要么在宇宙线及天然放射源中比较稀少，要么由于相互作用太弱而不易检测，其发现难度都远远大于正电子。因此自安德逊发现正电子之后，发现反粒子的步伐停顿了二十几年，直到20世纪50年代，随着加速器能量的提高，才迎来了一阵美妙的爆发。

小心翼翼的追寻——基本粒子面面观

1954年，在加利福尼亚大学的劳伦斯辐射实验室，建成了64亿电子伏的质子同步稳相加速器，这为寻找反粒子提供了条件。1955年，意大利物理学家赛格雷和美国物理学家张伯伦等在加州大学伯克利分校的加速器上证实了前一年人们所观测的反质子的存在。由于反质子出现的机会极少，大约每1000亿高能质子的碰撞，才能产生数量很少的反质子，因而证实反质子的存在极为困难。

◆美国劳伦斯伯克利国家实验室

1955年他们这个实验小组测到60个反质子。因为反质子的发现，赛格雷和张伯伦获得了1959年的诺贝尔物理学奖。1931年，劳伦斯（1901～1958年）创建了LBNL。他因发明回旋加速器荣获1939年诺贝尔物理学奖。回旋加速器是圆形粒子加速器，它叩开了高能物理的大门。劳伦斯确信，通过由具有不同领域专门技术个人组成团队的共同工作，可以开展出色的科学研究。

万花筒

狄拉克的预言

早在1928年，狄拉克便预言了反质子的存在，但证实它的存在却花了20多年的时间。根据狄拉克的理论，反质子的质量与质子相同，所带电荷相反，质子与反质子成对出现或湮没，用两个普通的质子碰撞便可获得反质子，但反质子的产生阈能为6.8GeV。

第二年，同一所大学的物理学家考克又发现了反中子。尽管高能粒子打靶时也能产生反中子，但是由于反中子不带电，更难从其他粒子中鉴别出来。他们是利用反质子与原子核碰撞，反质子把自己的负电荷交给质子，或由质子处取得正电荷，这样，质子变成了中子，而反质子则变成了反中子。此后，其他基本粒子的反粒子也被陆续发现，它们组成了一个种

走进诺贝尔奖名人堂

类和粒子一样庞大的反粒子家族。

◆赛格雷和张伯伦，因"发现反质子"分享了1959年诺贝尔物理学奖

名人介绍：英国物理学家——狄拉克

狄拉克出生于英格兰西南部的布里斯托尔。1925年开始研究量子力学，于1926年在剑桥大学以《量子力学》的论文取得博士学位。1930年选为英国伦敦皇家学会会员。1932年任剑桥大学数学教授。

他对物理学的主要贡献是：给出描述费米子的相对论性量子力学方程（狄拉克方程），给出反粒子（正电子）解，1932年，美国物理学家安德逊证实反粒子的存在。另外在量子场论尤其是量子电动力学方面也做出了奠基性的工作。1933年狄拉克与薛丁格共同获得诺贝尔物理奖。他却对拉瑟福德说，他不想出名，他想拒绝这个荣誉。拉瑟福德对他说："如果你这样做，你会更出名，人家更要来麻烦你。"

◆英国理论物理学家，量子力学的奠基者之一——狄拉克

小心翼翼的追寻——基本粒子面面观

寻找反物质

物质、反物质是同根生，每一种粒子，如电子、质子、中子等均有其对应的反粒子，如反电子、反质子和反中子等。电子、质子和中子三者结合成原子。同样地，反电子、反质子和反中子三者结合就成了反原子，反原子构成的物质就成为了反物质。反物质的特性和质量与物质完全一样，反物质和物质一旦相遇，就相互吸引、碰撞而全部转化为能量而消失，所释放的能量十分惊人，比核聚变所产生的能量还要大好几倍，反物质的发现更与宇宙的起源扯上关系。

迄今为止，人们已经多次证实了反物质的存在。1995年，欧洲核子研究中心的科学家在世界上制成了第一批反物质——反氢原子。科学家利用加速器，将速度极高的负质子流射向氙原子核，以制造反氢原子。由于负质子与氙原子核相撞后会产生正电子，刚诞生的一个正电子如果恰好与负质子流中的另外一个负质子结合就会形成一个反氢原子。在累计15小时的实验中，共记录到9个反氢原子存在的证据。由于这些反氢原子处在正物

与物理学对话

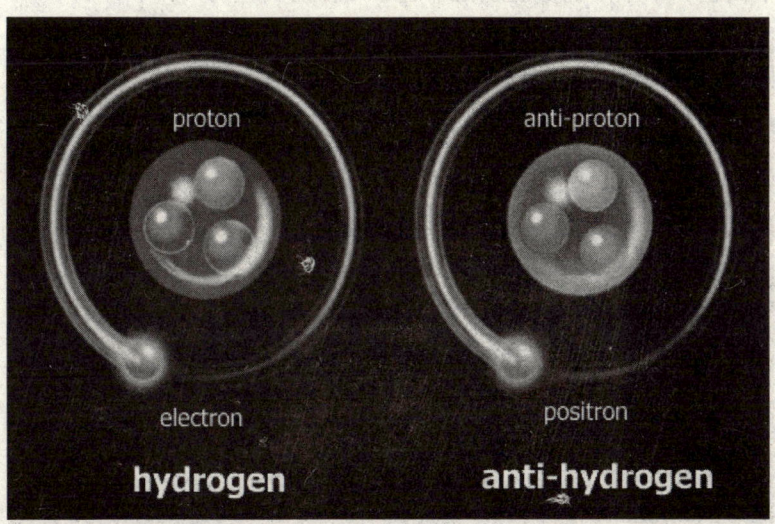

◆氢原子与反氢原子

走进诺贝尔奖名人堂

◆欧洲核子研究中心——CERN

质的包围之中。因此它们的寿命极短,平均寿命仅为30纳秒(一亿分之三秒)。1996年,美国费米国立加速器实验室成功制造了7个反氢原子。而且,人们还有一个普遍的疑问,那就是反物质如何能存储在物质的世界里?

成功制备反氢原子之后又过了十二年,2007年9月,美国加州大学的卡西迪和米尔斯在用反粒子组成物质结构方面又取得了一个新进展,他们用两个电子和两个正电子制备出了一个类似于氢分子的结构。这一工作的难度比欧勒特的实验还要大得多。在欧勒特的实验中,反氢原子本身是稳定的,实验的难度主要在于防止普通物质与反氢原子的湮灭;而在卡西迪和米尔斯的实验中,电子和正电子本身就会在极短的时间内相互湮灭,因此他们的系统本身就是高度不稳定的。但尽管系统极不稳定,卡西迪和米尔斯的实验还是引起了媒体的关注。

◆银河系中央,物质与反物质湮灭时产生的γ射线。康普顿卫星1997年摄

小心翼翼的追寻——基本粒子面面观

知识窗

令人关注的反氢原子

反氢原子的制备为什么会引起新闻界如此广泛的关注呢？这是因为原子和分子是承载物质物理和化学性质的基本组元。从这个意义上讲，反氢原子的制备是人类有史以来首次制备出了反物质，而此前所研究的只能称为是反粒子而不是反物质。

广角镜——诊病治病的能手

反物质又是诊病治病的能手。在医疗成像技术中，有一种类似CT的扫描，叫正电子辐射断层照相术，它的射线源就在体内，这种利用反物质的发射式照相，能提供人体生理及化学的真实信息，准确地诊断病情。由于反质子能量释放的速度和从体内逸出的速度可以人为控制，在此，用反质子产生的光束可代替X射线治疗癌症，能不偏不倚地击中癌瘤，大大减轻周围组织的损害程度，有效地治癌。

科学家还研究用反质子给工业材料诊治"病症"，叫无损探测。它利用反物质与物质碰撞会产生热量、使材料温度升高的特性，起到消除材料缺陷的奇异功效。

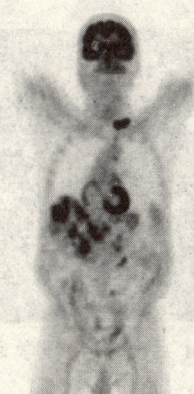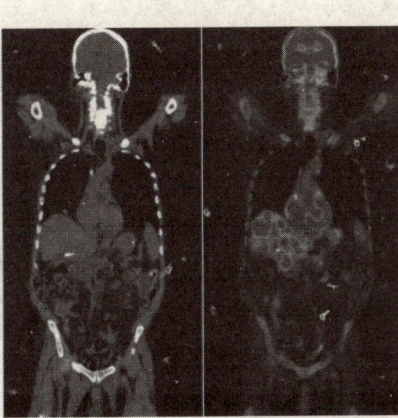

◆正电子放射层扫描术

走进诺贝尔奖名人堂

打开原子核的大门——中子的发现

中子的发现是世界科学史上又一个里程碑,它使人类从此跨进了原子能时代。因为中子的发现解决了理论物理学家在原子核的质子、电子模型上碰到的难题,人们认识到原子核原来是由质子和中子组成的,而不是由质子和电子组成的。意大利的著名科学家费米后来用中子作核炮弹依次来袭击各种元素的原子核,于是由此发现了核裂变和核的链式反应。

◆原子核由中子和质子构成

原子核之父——卢瑟福

卢瑟福是20世纪最伟大的实验物理学家之一,在放射性和原子结构等方面,都做出了重大的贡献。被称为近代原子核物理学之父。

1912年,卢瑟福根据α粒子散射实验现象提出原子核式结构模型。该实验被评为"物理最美实验"之一。1919年,卢瑟福做了用α粒子轰击氮核的实验。他从氮核中打出的一种粒子,并测

◆英国"原子核物理学之父"卢瑟福(右)

小心翼翼的追寻——基本粒子面面观

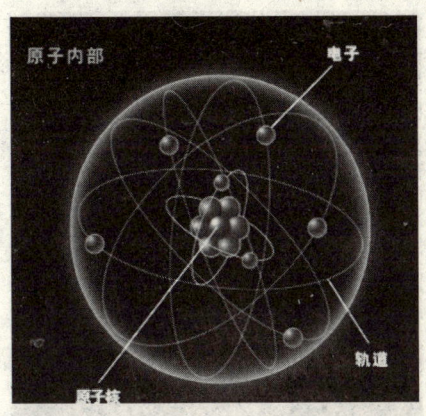

◆原子都是由带正电的原子核和绕原子核旋转的带负电的电子构成的

定了它的电荷与质量,它的电荷量为一个单位,质量也为一个单位,卢瑟福将之命名为质子。他通过α粒子为物质所散射的研究,无可辩驳地论证了原子的核模型,因而一举把原子结构的研究引上了正确的轨道。

人工核反应的实现是卢瑟福的另一项重大贡献。自从元素的放射性衰变被确证以后,人们一直试图用各种手段,如用电弧放电,来实现元素的人工衰变,而只有卢瑟福找到了实现这种衰变的正确途径。

我们知道,原子是由带正电荷的原子核和围绕原子核运转的带负电荷的电子构成。原子的质量几乎全部集中在原子核上。起初,人们认为原子核的质量(按照卢瑟福和玻尔的原子模型理论)应该等于它含有的带正电荷的质子数。可是,一些科学家在研究中发现,原子核的正电荷数与它的质量居然不相等!也就是说,原子核除去含有带正电荷的质子外,还应该含有其他的粒子。那么,那种"其他的粒子"是什么呢?

 万花筒

卢瑟福的又一贡献

卢瑟福用粒子或γ射线轰击原子核来引起核反应的方法,很快就成为人们研究原子核和应用核技术的重要手段。在卢瑟福的晚年,他已能在实验室中用人工加速的粒子来引起核反应。

中子的发现

解决这一物理难题、发现那种"其他的粒子"是"中子"的,就是著名的英国物理学家詹姆斯·查德威克。1932年,约里奥·居里夫妇——居里夫人的女儿和女婿公布了他们关于石蜡在"铍射线"照射下产生大量质

走进诺贝尔奖名人堂

子的新发现。查德威克立刻意识到，这种射线很可能就是由中性粒子组成的，这种中性粒子就是解开原子核正电荷与它质量不相等之谜的钥匙！查德威克立刻着手研究约里奥·居里夫妇做过的实验，用云室测定这种粒子的质量，结果发现，这种粒子的质量和质子一样，而且不带电荷。他称这种粒子为"中子"。

后来，意大利物理学家费米用中子作"炮弹"轰击铀原子核，发现了核裂变和裂变中的链式反应，开创了人类利用原子能的新时代。查德威克因发现中子的杰出贡献，获得1935年诺贝尔物理学奖。

◆中子的发现者——查德威克

点击

中子的发现解决了理论物理学家在原子研究中遇到的难题，完成了原子物理研究上的一项突破性进展。

名人介绍——桃李满天下的卢瑟福

当人们评论卢瑟福的成就时，总要提到他"桃李满天下"。在卢瑟福的悉心培养下，他的学生和助手有多人获得了诺贝尔奖金。

1921年，卢瑟福的助手索迪获诺贝尔化学奖；1922年，卢瑟福的学生阿斯顿获诺贝尔化学奖；1922年，卢瑟福的学生玻尔获诺贝尔物理学奖；1927年，卢瑟福的助手威尔逊获诺贝尔物理学奖；1935年，卢瑟福的学生查德威克获诺贝尔物理学奖；1948年，卢瑟福的助手布莱克特获诺贝尔物理学奖；1951年，卢瑟福的学生科克拉夫特和瓦耳顿，共同获得诺贝尔物理学奖；1978年，卢瑟

小心翼翼的追寻——基本粒子面面观

◆卡文迪什实验室作为20世纪物理学的发源地之一,它的经验具有特殊的意义

福的学生卡皮茨获诺贝尔物理学奖。有人说,如果世界上设立培养人才的诺贝尔奖金的话,那么卢瑟福是第一号候选人。

走进诺贝尔奖名人堂

奇妙的现象——中子散射的妙用

从1935年英国詹姆斯·查德威克因发现中子（1932年）获诺贝尔物理学奖到1994年加拿大物理学家B.N.布罗克豪斯和美国物理学家C.G.沙尔因发展中子散射的应用而获诺贝尔物理学奖，这说明中子的广泛应用前景，中子散射实验在世界范围受普遍关注，进行中子散射实验研究将对各学科领域的研究有重要的意义。

◆中子散射是研究材料的特殊工具

中子散射技术的发展

利用射线和物质相互作用，是获得物质微观结构知识的一种有效手段。随着反应堆的出现，科学家开始从反应堆中引出较强的中子束流探测物质结构。一束中子被散射后，通过测量其能量和动量的变化来研究在原子、分子尺度上各种物质的结构和微观运动规律，这就叫中子散射，即研究原子、分子在哪里？原子、

◆加拿大物理学家B.N.布罗克豪斯和美国物理学家C.G.沙尔

与物理学对话

"科学就在你身边"系列

小心翼翼的追寻——基本粒子面面观

◆中子散射照片

分子在做什么？

由于中子不带电、具有磁矩、穿透性强，能分辨轻元素、同位素和近邻元素以及非破坏性，使得中子散射技术在物理、化学、生命科学、材料科学以及工业应用等领域发挥着不可替代的作用。

1946年美国物理学家沙尔用中子衍射研究磁性材料。沙尔用中子衍射技术显示氢原子在晶体中的位置，可以更全面地了解许多无机和有机物质的晶体结构。沙尔研究了中子磁矩与顺磁物质中原子磁矩发生的散射，推动了磁结晶学的发展。他还研究了极化慢中子辐射的应用，发明了中子干涉系统，为研究中子与物质之间相互作用而产生的各种基本效应提供了极其灵敏的工具。

1955年加拿大物理学家布罗克豪斯用中子散射研究晶格动力学。他致力于中子非弹性散射技术的研究，在原有的单轴和两轴中子谱仪的基础上设计了三轴谱仪，得到了广泛的应用，已经成为研究凝聚态物理的基本工具，几乎大多数从事凝聚态物理研究的中子束反应堆实验室都拥有这一设备。

 **人物志**

布罗克豪斯

布罗克豪斯不但是一位致力于中子散射研究的科学家，还是一位对物理哲学有兴趣的学者，他于1949～1950年任多伦多大学物理讲师，1962年任麦克马斯特尔大学物理系教授，1967～1970年曾担任物理系主任，1984年退休。布罗克豪斯1969年获滑铁卢大学科学博士荣誉学位，1984年获麦克马斯特尔大学科学博士荣誉学位。

直到1994年，沙尔和布罗克豪斯才因此获得诺贝尔物理学奖。迟到的荣誉表明：经过几十年的实践，中子散射的重要性已经得到国际学术界的公认。

走进诺贝尔奖名人堂

点击

诺贝尔物理学奖授予中子散射技术这一领域的科学家，说明技术的开发和应用在物理学的发展中占有极其重要的地位。

小知识——中子有哪些特性？

与物理学对话

中子是构成物质的基本粒子。这个1932年发现的不带电粒子与带正电的质子存在于典型原子的原子核中，质子和中子具有相同的质量，两个均可作为远离原子核的自由粒子存在。宇宙中，中子是大量的，构成一半以上的所有可见物质。但对于研究物理和生物材料来说，缺乏亮度正好的中子。正像我们喜欢用亮灯而不是暗灯看书中密密麻麻的印刷字体那样，研究人员更喜欢亮度更高的中子源。这种中子源能快速给出详细的物质结构图和分子的连续运动图。就像用公园里的软管冲洗石头喷射出来

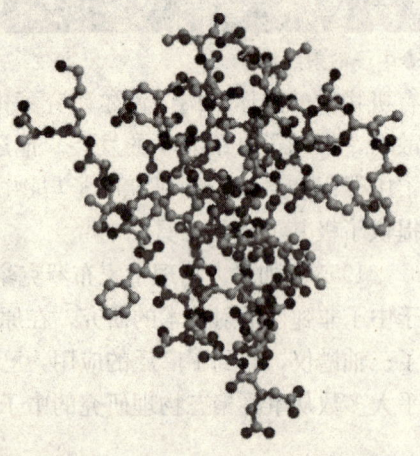

◆中子衍射研究揭示了胰岛素结构

的水一样，从束流来的中子以揭示其结构和特性的方式从靶材料"散射"。上图为含有锌离子的两个胰岛素分子模型。为进行中子衍射研究，胰岛素分子要晶体化。在其晶体化过程中，胰岛素分子吸附锌离子（球）。中子衍射研究揭示了胰岛素结构。

中子散射如何影响人类生活？

虽然中子散射的研究成果对多数人的影响不明显，但是这些成果改进了我们日常生活中使用的大量产品的质量。例如：喷嘴、信用卡、袖珍计算器、光盘、计算机磁盘和磁带、农用杀虫剂、防碎挡风玻璃、可调坐椅和车中自动窗户开启器、油储藏地质图、卫星天气预报信息。研究人员也

小心翼翼的追寻——基本粒子面面观

◆研究人员也用中子来研究和改进高温超导体

用中子来研究和改进高温超导体、大型轻质量磁铁、铝桥面和更强更轻塑料产品材料的主要工具。

中子被用来研究骨头在发展中如何矿化和它们在骨质疏松过程中如何腐烂。这样就使我们设计和测试治疗使矿物质减少的疾病的药物成为可能。

住院的人中,三个人中有一人(每年约一亿人)得益于中子产生的同位素。

中子帮助我们开发许多产品,如光盘使用塑料的改进聚合物。

中子散射被许多学科用来研究材料中原子的排列、运动和相互作用。中子散射之所以重要,原因是它提供用其他技术常常不能获得的有价值的信息,比如光谱学、电子显微学和 X 衍射。科学家们需要所有这些技术,以便提供最大量的有关材料方面的信息。

利用中子散射,科学家们可以了解从液态晶体到超导陶瓷,从蛋白质到塑料,以及从金属到胶粒物质特性的详细情况。为什么中子散射对研究人员有用?中子散射是有关固体位置、运动和特性的信息源。中子束流瞄准样品时,许多中子穿过这一材料。但有些中子将直接与原子核发生相互作用,按一个角度弹回,就像游戏中的碰撞的球一样。这种行为称为中子衍射,或中子散射。

 科技导航

了解新材料的结构

散裂中子源的更高的中子通量将会大大扩展材料科学方面可行性研究的范围。可以研究更小的样品,像当代典型电子学器件(例如 CD 播放机)的多层薄膜结构。这样的多层薄膜结构将用于未来的器件,以改进膝上型计算机、喷墨打印机、录像机和蜂窝式电话网络。

走进诺贝尔奖名人堂

链接——散裂中子源

散裂中子源的出现突破了反应堆中子源中子通量的极限。当快速粒子如高能质子轰击重原子核时，一些中子被"剥离"，或被轰击出来，在核反应中被称为散裂。散裂反应和裂变反应的不同点是：它不释放那么高的能量，但它可以将一个原子核打成几块，可能是三块，也可能是四块，这个过程中会产生中子、质子、介子、中微子等产物，对开展核物理前沿课题研究和应用研究非常有用，且所产生的中子还会在相邻的靶核上继续通过核反应产生中子——即核外级联。

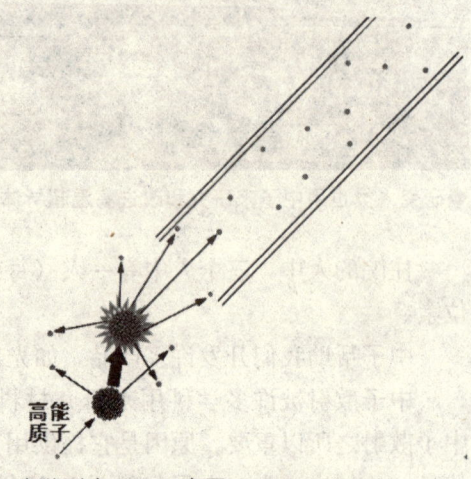

◆散裂中子源示意图

一个质子在后靶大概可以产生20到30个中子，这是散裂中子源的基本条件。美国能源部科学局现已拨款在ORNL建造一台新的以加速器为基础的中子源——散裂中子源，为科学研究和工业开发提供世界上最强的脉冲中子束流。

新一代散裂中子源

20世纪80年代前后，真正确立了质子加速器在脉冲散裂中子源中的地位。第一代散裂中子源显示出巨大优越性和推动了很多学科的发展。例如，英国卢瑟福实验室在ISIS上每年发表500篇高水平的学术论文，成为世界级的实验室。这些成就激励了科学家产生获得更高通量的脉冲中子的愿望。80多年来，卢瑟福·阿普尔顿实验室由多个实验室陆续合并，成为核物理、同步辐射光源、散裂中子源、空间科学、粒子天体物理、信息技术、大功率激光、多学科应用研究的中心，直至成为中心实验室理事会CCLRC的成员之一，有力地说明了大型科学研究中心的形成是科学发展的必然。

从20世纪90年代开始，出于21世纪在交叉学科领域中应用的强烈需求，并因质子强流加速器技术在近二十几年来的逐渐成熟，一方面对已建

小心翼翼的追寻——基本粒子面面观

◆1985年10月,世界上亮度最高的散裂中子源ISIS在卢瑟福实验室正式落成

◆美国洛斯·阿拉莫斯国家实验室的LAMPF强流质子直线加速器,是世界第一台散裂中子源

成的散裂中子源进行改进,增加其输出功率。另一方面,新一代更大功率的脉冲中子源(1~5兆瓦级)已正式被提到日程上。美、日等国已着手或准备建造(质子束功率为MW级)大型散裂中子源,提供的中子通量将比

走进诺贝尔奖名人堂

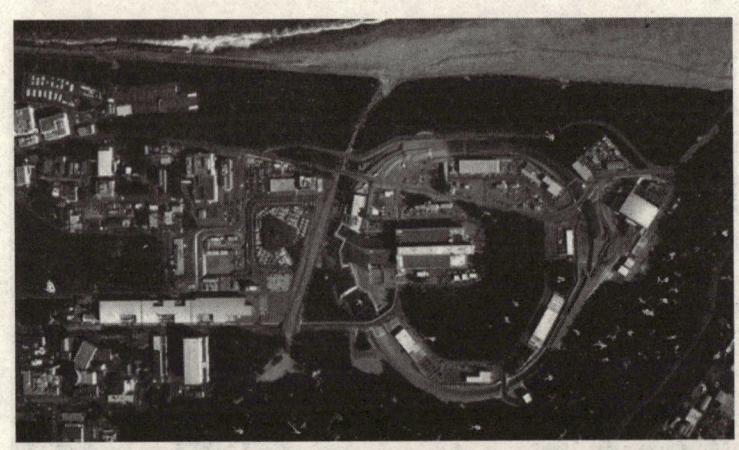

◆J—PARC是日本原子能研究所与日本高能加速器所合建，中子科学研究只是J—PARC的一个重要研究内容

与物理学对话

目前已有的中子源再提高一个数量级。

美、日等国正在建设的新一代的兆瓦级强流散裂中子源，能产生的脉冲中子通量达 $1\times10^{17}\,n/cm^2 \cdot s$。

新一代散裂中子源由强流质子加速器、靶站和中子谱仪群组成。强流质子加速器产生的强流中子束除供给散裂中子源的靶站使用外，还可以用于核物理、核化学、核医学等多学科核科学大平台使用。新一代强脉冲散裂源的出现必将会推动一些前沿及交叉学科的发展，而且也大大扩展了它的应用范围。

科技导航

低能粒子加速器的缺陷

低能粒子加速器产生的带电粒子束轰击靶，通过核反应来产生中子，它的特点是，能量单一、脉冲性能比较好，这对于精密的核物理实验非常重要。缺点是中子产生效率较低，不太经济。例如用400千电子伏特的氘反应来产生中子，每产生一个中子，要消耗一万兆电子伏特的能量。因此，低能加速器中子源不适合于生产同位素、生产核材料。

功率为兆瓦级中能强流质子加速器和散裂中子源能够产出强流中高能

小心翼翼的追寻——基本粒子面面观

中子和质子束,用于医治肿瘤、癌症等疾病和生产医用同位素。

广角镜——中子散射技术的应用

◆中子散射已经被用来确定如何最佳生产和焊接用于输油管道的材料,以降低剩余应力和防止输油管道破裂和漏油

随着技术的进步,中子散射在保护公众安全和环境方面在幕后起着重要作用。中子散射引导了技术改进,确保火车不脱离轨道,机翼不从飞机上掉落下来和管道不腐蚀到足以漏油。散裂中子源上的小角度散射比电子显微术更能在图上标出在纳米尺度造成材料故障的缺陷。小角度散射能够探测经数年反应堆堆芯中子辐射在反应堆容器里的钢中形成的50个原子簇或沉积物。被辐照的钢变脆,因此更容易破裂。中子可以用来验证对容器的热处理是否能去掉缺陷,使其不容易脆裂。

走进诺贝尔奖名人堂

旋转中的能量——回旋加速器的身世

自卢瑟福1919年用天然放射性元素放射出来的α射线轰击氮原子首次实现了元素的人工转变以后，物理学家就认识到要想认识原子核，必须用高速粒子来变革原子核。天然放射性提供的粒子能量有限，天然的宇宙射线中粒子的能量虽然很高，但是粒子流极为微弱，而且无法支配宇宙射线中

◆高速运行的粒子流

粒子的种类、数量和能量。为了开展有预期目标的实验研究，几十年来人们研制和建造了多种粒子加速器，性能不断提高。在生活中，电视和X光设施等都是小型的粒子加速器。随着加速器能量的不断提高，人类对微观物质世界的认识逐步深入，粒子物理研究取得了巨大的成就。

直线粒子加速器的问世

直线粒子加速器是应用沿直线轨道分布的高频电场加速电子、质子和重离子的装置。早期利用频率不太高的交变电场加速带电粒子，1946年后利用射频微波来加速带电粒子。在柱形金属空管内输入微波，可激励各种模式的电磁波，其中一种模式沿轴线方向的电场有较大分量，可用来加速带电粒子。为了使沿轴线运行的带电粒子始终处于加速状态，要求电磁波在波导中的相速降低到与被加速粒子运动同步，这可以通过在波导中按一定间隔安置带圆孔的膜片或漂移管来实现。

在加速器管中有金属圈，它们同高压发生器相连的方式能使一系列

小心翼翼的追寻——基本粒子面面观

◆斯坦福直线加速器实验室的直线加速器

金属圈的负压由底部向顶端逐渐升高。生产质子的离子源安装在加速器管的上端。带正电的质子由于受到带负电的金属圈的吸引而顺管射下——由于下面的金属圈的负电压不断增大，质子的速度也不断增大。在加速器管的地端的地板下面，有一间装有接收器的小室，质子能够在这里同物质碰撞，在此过程中，轰击能够引起原子核的蜕变。

当粒子束在管道末撞击目标时，各种检测器会记录事件——释放的亚原子粒子和辐射。这些加速器非常庞大，因此被掩埋在地下。

◆中国科学院的直线加速器

走进诺贝尔奖名人堂

广角镜——加速器在医学中的妙用

医用加速器是生物医学上的一种用来对肿瘤进行放射治疗的粒子加速器装置。带电粒子加速器是用人工方法借助不同形态的电场,将各种不同种类的带电粒子加速到更高能量的电磁装置,常称"粒子加速器",简称为"加速器"。

要使带电粒子获得能量,就必须有加速电场。依据加速粒子种类的不同,加速电场形态的不同,粒子加速过程所遵循的轨道不同被分为各种类型的加速

◆医用电子直线加速器

器。目前国际上,在放射治疗中使用最多的是电子直线加速器。如柯克罗夫特—沃尔顿直流高压加速器,以能量为0.4MeV的质子束轰击锂靶,以得到α粒子和进行氦的核反应实验。

加速器的飞跃——回旋加速器

利用直线加速器加速带电粒子时,粒子是沿着一条近似于直线的轨道运动和被逐级加速的,因此当需要很高的能量时,加速器的直线距离会很长。有什么办法来大幅度地减小加速器的尺寸吗?办法说起来也很简单,如果把直线轨道改成圆形轨道或者螺旋形轨道,一圈一圈地反复加速,这样也可以逐级谐振加速到很高的能量,而加速器的尺寸也可以大大地缩减。

科技文件夹

回旋加速器与直线性加速器的作用相同。但是,回旋加速器不采用线性长轨道,而是沿着环形轨道多次推进粒子。

奈辛于1924年,维德罗于1928年分别发明了用漂移管上加高频电压

小心翼翼的追寻——基本粒子面面观

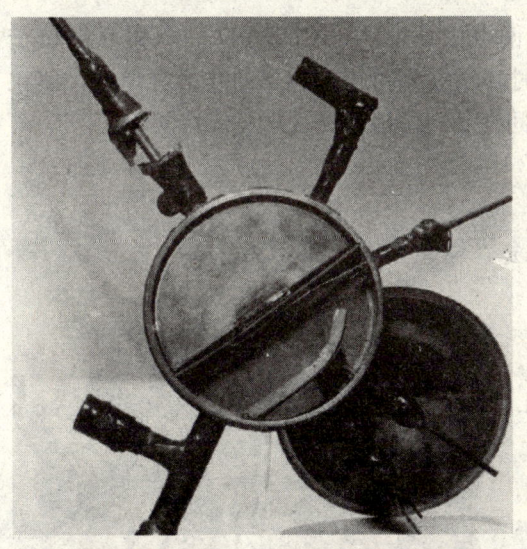

◆劳伦斯在1929年设计了第一个粒子加速器

的原理建成的直线加速器，由于受当时高频技术的限制，这种加速器只能将钾离子加速到50keV，实用意义不大。但在此原理的启发下，美国实验物理学家劳伦斯1932年建成了回旋加速器，并用它产生了人工放射性同位素，为此获得了1939年的诺贝尔物理学奖。这是加速器发展史上获此殊荣的第一人。

粒子每次通过时，电磁场都会加强，使得粒子每通过一圈速度都会加快。当粒子达到最高速或获得期望的能量时，就会将目标放置在粒子束的行进路径上，周围或附近放置有检测器。回旋加速器是1929年发明的第一种加速器。事实上，第一个回旋加速器的直径只有10厘米。

 **原理介绍**

洛伦兹力的方向

左手定则必须让你的手处在不自然的位置。伸出你的左手，让食指指向磁场方向，中指指向正电荷运动的方向（或负电荷运动的反方向），那么你的大拇指（与食指成L形）所指的方向便是电荷所受洛仑兹力的方向。

回旋加速器的两个半圆形金属盒为D形电极（或D形盒）。两个D形电极与高频振荡器相连，使两电极间产生高频交变电场。同时，两个D形电极放在恒定的匀强磁场间。当两电极间的离子源发射出带电粒子时，这些粒子在电场作用下进入D形盒内，D形盒内无电场（被D形盒屏蔽）但有垂直于D形盒的磁场，使带电粒子作圆周运动，只要加在D形电极上的交变电场频率与粒子在D形盒中的旋转频率相等，则能保证带电粒子经过D形盒的缝隙时始终能被电场加速。随着加速次数的增加，粒子的轨道半

走进诺贝尔奖名人堂

径和速率逐渐增大。最后用致偏电极 F 将粒子引出，从而获得高能粒子束。当粒子的速度接近于光速时，根据相对论，粒子的质量会增大，使粒子在 D 形电极内运动所需的时间变长，不能与交变电场保持同步。

粒子加速器制造出黑洞会吞噬地球？

英国《卫报》报道了人类未来70年内可能发生的十大灾难。其中，"黑洞"吞噬地球被列为十大灾难之首。物理学家担忧该座加速器可产生类似黑洞的高密度物质，把实验室甚至整个地球吞噬。那么，粒子加速器真能制造出黑洞，它真的如某些科学家担心的那样，可能吞噬实验室甚至整个地球？

从现有的科学道理讲，不排除发生核爆炸、人造黑洞吞噬、奇异物质态和真空跃迁在人造的加速器上发生。但我们可以从别的知识来作反证，证明这样的事情不可能发生。首先，按照现有的科学知识，

◆假如掉进黑洞后果将会怎样

在人造高能粒子加速器上可能产生瞬间的核聚变、人造黑洞、奇异物质态，以及真空跃迁。但这些事件都是在一个微观尺度上瞬间发生并很快演变为正常物质。没有事实证明它们可能产生级联反应，并影响到周围的宏观环境。

小心翼翼的追寻——基本粒子面面观

量身定做的容器——形形色色的探测器

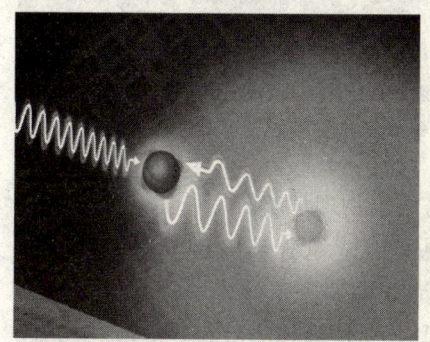

◆探测微观粒子需要特殊的探测器

高能物理实验研究需要粒子加速器、探测器及其他设备。我们已经了解到,粒子加速器是将微小带电粒子加速到非常高的能量,速度接近光速,然后打到固定的靶上或彼此对撞,以研究物质深层次的结构。而探测器则是用探测器内的物质跟粒子相互作用产生的信息经过分析,可以得到关于被探测粒子的信息:如粒子径迹、衰变产物、飞行时间、粒子动量、能量、质量等,粒子探测器的发展史是人类对物质世界的认识不断深化和实验同理论不断相互促进的历史……

与物理学对话

奇思妙想的气泡室

1952年,美国物理学家格拉塞为如何探测高能粒子的运动径迹而冥思苦想,他往酒杯里倒啤酒时被啤酒中冒着的气泡吸引,如果扔到杯中一个小粒子,气泡会追随正在运动的粒子轨迹而形成。他由此受到启发,用液体来取代威尔逊云雾室中的气体,可使密度大约增加上千倍。他用了一种处于沸点温度的液体,再使压力突然降低,从而使液体处于其沸点以上的

◆美国物理学家格拉塞

走进诺贝尔奖名人堂

温度，观察在离子运动路径上形成的气泡。他制成了世界上第一台气泡室，在乙醚液中显示了宇宙射线粒子的径迹。在他成功地观察到第一批径迹后，他又用不同的液体进行试验。这以后气泡室开始用于高能物理研究，气泡室技术得到不断发展。气泡室的发明是格拉塞对高能物理学做出的杰出贡献，它为粒子物理研究开拓了新的领域，在原子核科学技术史上也是一个创举。他因此获得了1960年诺贝尔物理学奖。

◆从冒气泡得到了灵感

根据径迹的长短、浓淡等数据，便能清楚地分辨出粒子的种类和性质。然后气泡室又恢复至高压状态，气泡立即消失，这样气泡室可以连续使用。气泡室容积大小从数毫升到100升，所用液体为液氢、液氙、乙醚、丙烷等；气泡室的压力从1个大气压到几十个大气压。气泡室因密度大、循环快、所搜集到的各种信息大约是云雾室的1 000倍。

知识库

气泡室的工作原理

气泡室是一种装有透明液体的耐高压容器。它是利用在特定温度下通过突然减压使某种工作液体在短时间内（一般为50毫秒）处于过热的亚稳状态而不马上沸腾，这时若有高能带电粒子通过就会发生局部沸腾，并在粒子经过的地方产生大量的气泡，从而显示出粒子的径迹。

小知识——灵巧方便的火花室

火花室是一种利用气体火花放电的粒子探测器，由日本人福井崇时和宫本重德发明。火花室兼备径迹探测器和闪烁计数器两者的优点，结构简单，使用安装灵活，空间分辨率为0.3～2毫米，分辨时间约1微秒。1959年火花室开始用于

小心翼翼的追寻——基本粒子面面观

高能物理实验。作为高能粒子探测器，火花室有较好的空间分辨率，其定位精度稍低于气泡室。在卫星或气球上的γ射线探测系统中，火花室常用来作为中心探测器。

对气泡室的改进

◆由于阿尔瓦雷茨发展了氢泡室技术和数据分析方法，他获得了1968年诺贝尔物理学奖

◆欧洲大气泡室BEBC

阿耳瓦雷茨（1911～1988年）与他的老师康普顿在芝加哥从事宇宙射线的研究中取得了一些重要成果。格拉塞发明气泡室时，阿耳瓦雷茨很感兴趣，决定建造一个规模空前的注满液态氢的气泡室。这是一个很大的技术计划，阿耳瓦雷茨组织了一大批各个领域的技术专家，建造了一系列的气泡室，其大小不断增加，直径最大的达72英寸。格拉塞最初的气泡室直径只有几厘米，阿耳瓦雷茨最初的气泡室为500立升，以后的气泡室却逐渐成了庞然大物，有的甚至直径达到几米，能够容纳以立方米计的液体。现在最大的气泡室直径达几米，装有上万立升的液态氢。

气泡室技术复杂，造价和加速器差不多，是当时研究基本粒子的最有效的工具之一。为了充分利用它们的功能，必须用半自动方式扫描成百万张照片，扫描装置的输出送至计算机中进行分析。实现这项任务的计算机程序设计是建立该系统中的一项困难工作。将气泡室和计算机连接起来能得到丰富的实验资料，大型实验室中取得的胶卷可分送

走进诺贝尔奖名人堂

世界各地的用户反复研究,以期从这些原始资料中得到一些结果。由于阿耳瓦雷茨发展了氢泡室技术和数据分析方法,他获得了 1968 年诺贝尔物理学奖。

原理介绍

轨迹上的蛛丝马迹

那些能够留下气泡径迹的粒子总是带电的——带正电或带负电。如果它们带的是正电,它们的路径就会朝一个方向弯曲;如果它们带负电,它们的路径就朝相反的方向弯曲;从它们的路径可以确定它们的运动速率,再加上径迹的粗细等因素就能确定粒子的质量。

小知识——多功能的流光室

流光室是在火花室基础上发展起来的高能粒子径迹探测器。1963 年由苏联人 G. E. 奇科瓦尼等人发明。流光室一般由 3 个电极将一密闭室隔开成两个间隔,中间电极接高电势,两边电极接地,室内充以氖或氩。带电粒子进入流光室,使室内工作气体电离,如果电极之间的电压很高,则被电离的电子就会产生雪崩式电离,并进一步发展成流光。由于流光未发展成为火花击穿,消耗电场能量很小,使电场改变甚微,因此可以记录多粒子事例,还可测量电离度。流光室特别适合于多粒子复杂事例的研究。流光室可以与闪烁计数器、多丝正比室、漂移室等电子学探测器联合使用,组成流光室谱仪。

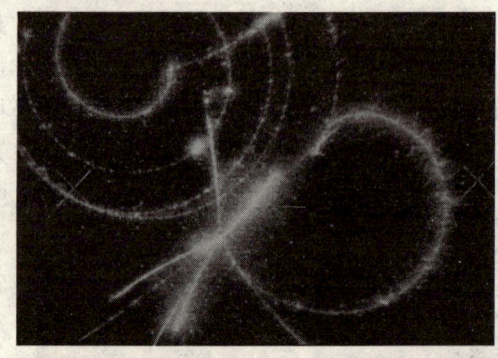

◆流光室记录的粒子径迹

小心翼翼的追寻——基本粒子面面观

多丝正比室的发明和发展

◆波兰籍法裔物理学家夏帕克

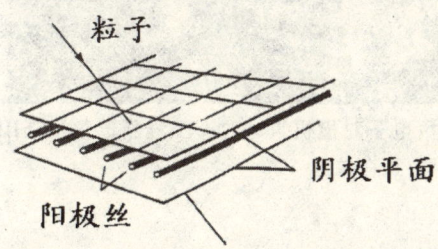

◆多丝正比室由大量平行细丝组成，所有这些细丝都处于两块相距几厘米的阴极平面之间的一个平面内

波兰籍法裔物理学家夏帕克1992年被授予诺贝尔物理学奖，以表彰他对高能物理探测器，特别是多丝正比室的发明和发展。

目前多丝室已广泛应用于粒子物理实验，成为高能物理实验的主要探测器之一，许多实验已达到使用几千甚至几万根阳极丝的规模。此外，它还广泛应用于核物理、天文学及宇宙线物理中，并正在逐步应用于医学、生物学等领域，如X射线、正电子、质子或中子的照相诊断。

多丝正比室获得广泛应用的原因是：定位精度高（几百微米）、时间分辨好（约20纳秒）、允许高计数率（每秒丝）、直流高压下自触发工作、连续灵敏、能同时计数和定位、易加工成各种形状和尺寸、能在高磁场中工作、有较好的能量分辨本领，并可从一个室单元中同时读出 x、y 两维坐标。

点击

多丝正比室成为粒子探测器发展史上的一个里程碑，至今，粒子物理学实验所用的多种径迹探测器，都由夏帕克最初的发明发展而来。

基本粒子间的反应复杂，有时在一个反应中会产生几百个粒子。为了解释这些反应，科学家往往需要记录每个粒子的轨迹。在多丝正比室发明

走进诺贝尔奖名人堂

以前，这类记录常用的是各种照相法，所获图片要靠特殊的测量器具进行分析，工作过程缓慢。夏帕克十分注重对新型粒子探测器的探索。

小知识：新探测器——漂移室

漂移室是在多丝正比室基础上发展起来的一种新型粒子探测器。欧洲核子中心的夏帕克在研究多丝正比室的同时，注意到通过测量初级电离电子漂移到阳极丝的时间来确定入射粒子空间位置的可能性。1969年他与美国的A. H.沃伦特首次提出了这种新探测器——漂移室。漂移室的特点：定位精度很高、时间分辨好，能同时计数和定位。

◆北京正负电子对撞机重大改造工程新谱仪BESIII的主漂移室，正在拉丝

目前漂移室与多丝正比室一样，在高能物理实验中起着极其重要的作用，已成为必不可少的探测器之一，同时在核物理、天文学及宇宙线、生物、医学及X射线晶体学中的应用也正在不断发展。

小心翼翼的追寻——基本粒子面面观

预言成为现实——捕捉到 π 介子

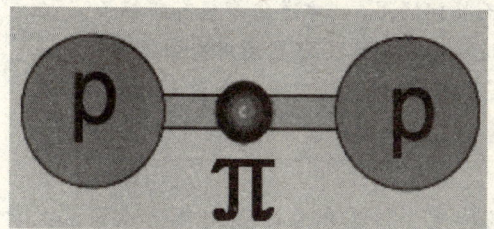

◆介子是传递核力的中间媒介物

核子是如何组成原子核的呢？质子带正电，而中子是电中性的，核内没有负电荷，许多正电荷为何能挤作一团而不飞散呢？到发现中子为止，人们只知道万有引力和电磁力两种相互作用，它们都是所谓的长程力。而单靠质子间的万有引力远远不足以克服它们之间的电排斥力，在接受了质子—中子模型以后，科学家们开始猜测存在着第三种相互作用力——核子之间的核相互作用。这种力是一种短程相互作用，当质子相距很近时核吸引力超过电排斥力，它们就会互相吸引；当距离增大时核力会急剧减小。

预言介子的存在

从卢瑟福于 1911 年提出原子核式结构模型，到查德威克于 1932 年发现中子，现代物理学界已认识到原子核是由质子和中子两部分组成的。但是，在这个理论里还有一个难题得不到解决，质子既然带正电荷，质子与质子间就必然存在静电斥力，为什么原子核中的质子如此紧密地结合在一起而不因强大的静电斥力飞

◆日本科学家——汤川秀树

与物理学对话

 **走进诺贝尔奖名人堂**

散开来？问题的谜底则是由日本著名物理学家汤川秀树揭开的。

 **历史趣闻**

不迷信权威的汤川秀树

1937年玻尔访问日本时，当面反问汤川："难道您希望有新粒子？"在当时这句话对汤川来说，像当头泼了一盆冷水。好在汤川秀树没有拜倒在权威的脚下，他坚持自己的意见。1947年英国物理学家威尔逊教授终于在涂着新乳胶的小底片上观察和测量到了汤川理论预言的这种新粒子。

1907年1月23日，汤川秀树出生于日本东京，1923年考入京都大学预科，高中毕业后进入京都大学物理系。1929年，秀树大学毕业后留校任校，并选择了探索原子核的结构作为日后的研究方向。1932年，查德威克发现了中子，美国物理学家安德逊发现了正电子，以及随后的原子核的分裂，这些成就的取得大大鼓舞了汤川秀树。1933年，汤川秀树转到大阪帝

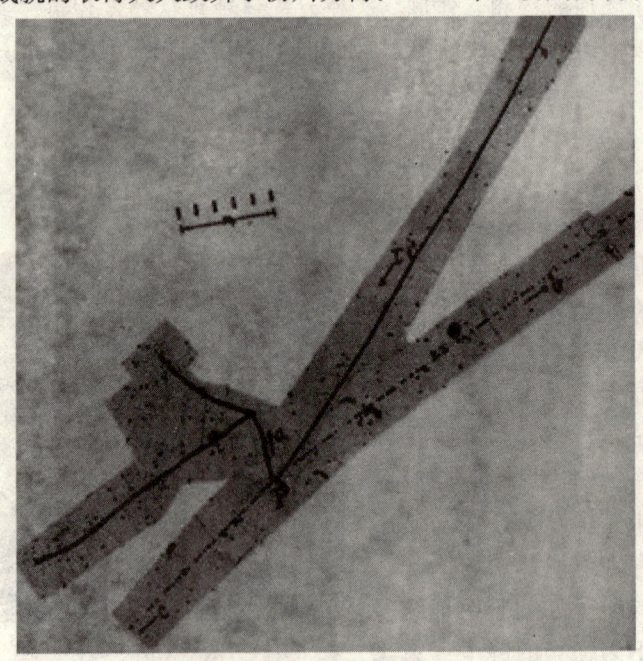

◆轨迹显示的带电粒子在核乳胶中的路径

小心翼翼的追寻——基本粒子面面观

国大学，在 1934 年的数学物理学例会上，汤川秀树递交了一份研究报告，他用数学的方式分析，提出了核力是一种交换力，它通过交换介子发生作用，介子是传递核力的中间媒介物。至此，汤川秀树是第一位预言介子存在的物理学家。这一年他才 28 岁。

1938 年，汤川秀树获大阪帝国大学物理学博士学位，不久又同爱因斯坦、费米、奥本海默等著名物理学家一起出席了第九届塞尔维基本粒子国际会议。

1947 年，英国物理学家鲍威尔在宇宙射线的照片中发现了一种新粒子，其质量约为电子的 273 倍，而且与原子核有强烈的反应，它就是汤川秀树预言的那种粒子，现在它被命名为二介子。二介子主要承担原子核中质子和中子之间的强相互作用。至此，汤川秀树的理论得到了公认。1949 年，汤川秀树荣获诺贝尔物理学奖。这是日本物理学家第一次获此殊荣。

广角镜——受中国文化影响的汤川秀树

◆庄子思想对汤川秀树的发展有很大影响

汤川秀树认为中国人的想象力是非常丰富的，他深刻领会到中国古代关于自然和人生哲学的深奥思想。汤川秀树非常喜欢庄子的思想，认为庄子的思想为他打开了宏大而愉快的遐想世界，这正是其无穷的魅力所在。可见，庄子哲学对汤川秀树世界观的形成和成长过程始终发生了巨大影响，并使汤川秀树能够沿着庄子的"自然之道"去寻求基本粒子的"物理学之道"。庄子的"浑沌"寓言、"知鱼乐"寓言、老子的"道"等哲学思想对汤川秀树科学思想的形成产生了重要的促进作用。

走进诺贝尔奖名人堂

粒子物理之父——鲍威尔

英国人鲍威尔，1947年根据汤川秀树的预言，使用自创的照相乳胶记录法，从宇宙射线中发现π介子。这位被誉为"粒子物理之父"的学者荣获了1950年诺贝尔物理学奖，π介子从预言到发现标志着人类对物质的认识又向前跨进了一大步，即从认识原子核到认识基本粒子的领域。

当不同能量的带电粒子作用在乳胶底片上时，便在底片上产生了不同的潜影，从而记录下粒子的运行轨迹。根据这些径迹，便可计算得出粒子的质量、能量和粒子的性质。

1939～1945年间，英国科学家鲍威尔（1903～1969年）与其合作者提

◆"粒子物理之父"鲍威尔

高了乳胶的灵敏度并增加了乳胶的厚度，使带电粒子通过乳胶时产生电离，乳胶在显影后呈现的黑色晶粒显示出带电粒子通过乳胶时留下的径迹。如果事先用一系列已知能量和类别的带电粒子入射到核乳胶上，测得径迹长度—能量关系，则测量任一已知粒子径迹长度，就可以定出该粒子的能量。粒子在乳胶中运动，同原子碰撞而多次散射，改变运动方向，径迹常有折曲。根据径迹颗粒密度的大小和折曲程度，可以判别粒子种类并测定它们的速度。中性粒子不能直接形成径迹，但是它们可以产生次级带电粒子。通过对这些次级带电粒子径迹的测量，可以推算中性粒子的能量和数量。

小心翼翼的追寻——基本粒子面面观

小知识

核乳胶是一种能记录单个带电粒子径迹的特制乳胶,它由普通照相乳胶发展而来。其主要成分是溴化银微晶体和明胶的混合物。

由于宇宙射线具有很大的能量,当它们进入大气层并与大气层中的粒子发生碰撞时,失去能量并产生次级宇宙射线。鲍威尔等人设想将感光乳胶应用于宇宙射线的研究,他们把装有感光照片的气球放到高空中去记录宇宙射线的径迹。经过多次实验,他们拍摄了大量的宇宙射线在不同高度穿过乳胶的底片,并对底片中粒子留下的轨迹进行了仔细的分析。

科技导航

核乳胶的优缺点

核乳胶作为核物理实验中的径迹探测器,其优点是体积小、轻便、能将高能粒子的径迹永久保存等,其独特的空间分辨率用于研究极短寿命粒子,常用于高空宇宙射线和基本粒子的研究;其缺点是根据径迹测量粒子能量时精确度较低。

1947年10月,鲍威尔等人发表了"关于乳胶照相中慢介子轨迹的观测报告"的论文,全面总结了他们的宇宙射线实验结果,正式宣布他们发现了新粒子,并命名其为π介子。同时,他们指出,π介子可以衰变为另一种介子(μ介子)和中微子。经过详细的计算,得知π介子和μ介子的质量分别为电子质量的273倍和207倍。

链接——中国的居里夫妇

中国物理学家也为上述领域的研究做出了不少贡献。被称为"中国居里夫妇"的钱三强、何泽慧就是其中的杰出代表。钱三强1945年曾在英国鲍威尔所

走进诺贝尔奖名人堂

◆中国的居里夫妇,原子能事业创始人:钱三强与何泽慧

在的威尔斯实验室短期学习核乳胶技术,1946年,钱三强领导的研究小组(何泽慧是组员之一)利用核乳胶研究铀裂变,经过反复实验和上万次的观测,发现了铀核的三分裂和四分裂现象。何泽慧在20世纪50年代开始研制核乳胶,使中国在当时成为少数能生产核乳胶的国家。1955年她和同事们合作制成了对质子灵敏的核乳胶,获得了1956年国家自然科学奖三等奖;在1957年又研制成功对电子灵敏的核乳胶。

与物理学对话

小心翼翼的追寻——基本粒子面面观

难以理解的粒子——J/Ψ 粒子和中间玻色子

粒子物理学的发端可以从1932年正电子的发现说起,到了20世纪50年代,陆续发现了反质子、π介子、反Λ粒子等三十多种新粒子,其中稳定的有七种。寿命大多长于 10～16 秒。后来又发现了许多寿命更短的粒子,这些粒子也叫做强子共振态,是通过强相互作用衰变的。盖尔曼的夸克模型理论,解释了这些强子共振态,其预言的Ω—粒子又被实验证实。这时粒子物理学似乎已经达到了顶峰,没有什么事情可做了。然而,正是在这一短暂的沉寂时期,1974年同时有两个实验小组,宣布发现了一种寿命特别长,质量特别大的粒子。

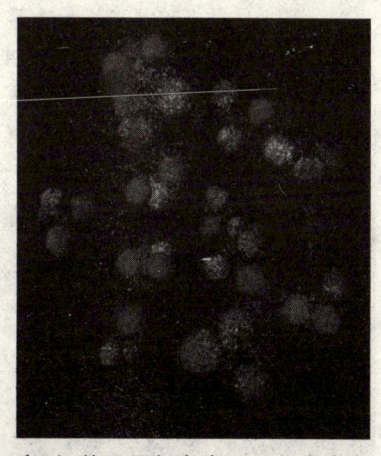

◆J/ψ粒子是粲夸克和反粲夸克所组成的

与物理学对话

J/ψ 粒子的发现

1976年诺贝尔物理学奖授予美国加利福尼亚州斯坦福直线加速器中心的里克特和美国马萨诸塞州坎伯利基麻省理工学院的丁肇中,以表彰他们在发现一种新的重的基本粒子中所作的先驱性工作。

里克特这项发现的宣布,打破了沉闷的空气,使物理学家大为惊讶,推动粒子物理学迈向新的台阶。这项新的发现就是由里克特领导的 SLAC－LBL 合作组所发现的 ψ 粒子和由丁

◆美国科学家里克特

走进诺贝尔奖名人堂

肇中领导的 MIT 小组所发现的 J 粒子。人们统称之为 J/ψ 粒子。

科技导航

SLAC—LBL 合作组

SLAC 是斯坦福直线加速器中心的简称，LBL 是劳伦斯伯克利实验室的简称。两家共同组成一个合作组，为 SLAC 正负电子对撞机配制了一台取名为 MarkI 的磁探测器，目的是探测 4GeV 的正负电子束对撞后生成的新粒子，探测范围可从 2.4GeV 直到 4.8GeV。这是当时能量最高的电子对撞机。

◆著名物理学家丁肇中

里克特 1931 年 3 月 22 日出生于纽约。1948 年进入麻省理工学院，大三时曾参加正电子素实验，开始接触到电子—正电子系统。1963 年里克特来到 SLAC，在 SLAC 主任潘诺夫斯基的鼓励下，里克特组织了一个小组制定高能电子—正电子机器的最后设计。有了经费之后，工程立即上马，着手制作大型磁探测器。1974 年，在斯坦福直线加速器中心实验室进行电子—正电子碰撞实验，发现了一个形迹可疑的粒子。经过继续研究，终于确定这种粒子是一个新的很重的中性介子，寿命比一般介子的合理寿命要长 5 000 倍。它的静止质量很大，约是质子的 3.3 倍，比在此以前发现的任何粒子的质量都大得多。他们把它命名为 ψ 粒子。

如果说里克特和他的小组是以他们的执著追求精神取得了引人瞩目的成绩，那么，丁肇中和他的小组更是以其严谨踏实、一丝不苟的作风得到了科学上的回报。

布鲁克海文国家实验室以丁肇中为首的实验小组，在观察两个质子碰撞后产生的电子—正电子对时，也有相同的发现，并将其发现的粒子命名为 J 粒子，即丁（肇中）粒子。在他们未能就新的名称取得一致意见的情

小心翼翼的追寻——基本粒子面面观

况下,科学家们便采取了两全其美的办法,称之为 J/ψ 粒子,以表明它既是同一粒子,又是两人各自独立发现的。对这一伟大发现诺贝尔奖评选委员会很快作出了反应,两人共同获得了 1976 年的诺贝尔物理学奖。

中间矢量玻色子的发现

1984 年的诺贝尔物理学奖颁给了两位科学家:瑞士日内瓦欧洲核子研究中心(CERN)的意大利物理学家卡洛·卢比亚和荷兰物理学家西蒙·范德米尔,以表彰他们在导致发现弱相互作用的传播体 $W^{\pm}$ 和 Z^0 粒子的大规模研究方案中所做的决定性贡献。他们所从事的寻找基本粒子的工作,其困难程度是普通人难以想象的。曾经在同样领域发现过 J 粒子的华裔物理学家丁肇中曾经形象地比喻说,这就好比说北京下雨的时候,每一秒钟有一百亿个雨点,中间有一个是红的,你要把它找出来。而卢比亚和他的团队,还真的把它给找出来了,而且不止一个。

CERN 是研究基本粒子的国际中心,有 13 个欧洲国家参加,它跨越两个国家——瑞士和法国的边界,创建于 1952 年。来自各个国家的物理学家和工程师通力合作,在这里贡献自己的才智。三十年过去了,由意大利的卢比亚和荷兰的范德米尔为首的庞大的实验队伍,终于取得了硕果,发现了 $W^{\pm}$ 和 Z^0 粒子。人们说:是范德米尔使这项实验方案成为可能,而

◆意大利物理学家卢比亚和荷兰物理学家范德米尔

◆2009 年 4 月 7 日,欧洲核子研究中心举办一个研讨会,庆祝卢比亚 75 岁生日

走进诺贝尔奖名人堂

卢比亚则使这项实验方案得到了预期的成果。这是因为要实现在粒子对撞实验中产生 $W^{\pm}$ 和 Z^0 必须具备两个条件。一个条件是对撞的粒子必须具有足够高的能量,以至于有可能把足够的能量转变为质量,从而产生重粒子 $W^{\pm}$ 和 Z^0;另一个条件是碰撞的次数必须足够多,才会有机会观测到极罕见的特殊情况。前者是卢比亚的功劳,后者是范德米尔的功劳。卢比亚曾建议用 CERN 最大的加速器——SPS,作为正反质子的循环存储环。在存储环中,质子和反质子沿相反的方向作环形运动。这些粒子在环中以每秒十万周的速率绕环旋转。反质子在自然界(至少是在地球上)是不能自然产生的。但在 CERN 却可从另外的加速器——PS 产生。反质子可以存储在一个特制的存储环中,这个存储环是由范德米尔领导的小组建造的。

与物理学对话

小知识

W玻色子是因弱核力的"弱"(Weak)字而命名的。而Z玻色子则半幽默地因是以"最后一个要发现的粒子"而名。另一个说法是因Z玻色子有零(Zero)电荷而得名。

科技文件夹

在物理学中,W及Z玻色子是负责传递弱核力的基本粒子。它们于1983年在欧洲原子能研究中心被发现。这次发现被认为是粒子物理中的标准模型的一大胜利。

点击——W和Z玻色子的预测

20世纪50年代量子电动力学的空前成功后,科学家希望为弱核力建立相似的理论。于1968年,这个论调在统一电磁力和弱核力后达到高潮。提出弱电统一的拉肖、温伯格、萨拉姆因此得到1979年的诺贝尔物理学奖。他们的弱电理

小心翼翼的追寻——基本粒子面面观

论不止假设了 W 玻色子的存在来解释 β 衰变,还预测有一种未被发现的 Z 玻色子。

链接——玻色子和费米子

粒子按其在高密度或低温度时集体行为的不同可以分成两大类:一类是费米子,得名于意大利物理学家费米,另一类是玻色子,得名于印度物理学家玻色。区分这两类粒子的重要特征是自旋。自旋是粒子的一种与其角动

费米子		玻色子	
轻子和夸克	自旋=$\frac{1}{2}$	自旋=1*	载力粒子
重子(qqq)	自旋=$\frac{1}{2}$,$\frac{3}{2}$,$\frac{5}{2}$…	自旋=0, 1, 2…	介子(q$\bar{q}$)

◆玻色子与费米子的比较

量(粗略地讲,就是半径与动量的乘积)相联系的固有性质。量子力学所揭示的一个重要之点是,自旋是量子化的,这就是说,它只能取普朗克常数的整数倍(玻色子,如光子、介子等)或半整数倍(费米子,如电子、质子等)。

与物理学对话

走进诺贝尔奖名人堂

不同寻常的粒子——从夸克谈起

物质是由什么构成的？有没有共同的基本单元？在对物质构成的探索中，人们将物质的基本单元称为基本粒子。而夸克，就是人类迄今为止发现的最基本单元。最早人们认为物质的基本单元就是原子。到20世纪20年代，组成原子的电子、质子和中子相继被发现，人们便称这三种粒子为基本粒子。到20世纪后期，科学家们物理学家们开始猜想某些粒子可能还有其内部结构。

◆物质是由什么构成的？

夸克之父——盖尔曼

◆美国物理学家——盖尔曼

盖尔曼因其对基本粒子的分类及其相互作用方面的卓越贡献，获得了1969年度诺贝尔物理学奖。纵观粒子物理学的百年发展史，可谓群星璀璨、英才辈出。默里·盖尔曼就是其中极富传奇色彩的人物之一，曾经主宰粒子物理的走向长达十余年。这位天才的理论家，他24岁发现了基本粒子的一个新量子数——奇异数，32岁提出了强子分类的八正法（相当于介子和重子的门捷列夫周期表），35岁创立了夸克模型，40岁荣获诺贝尔物理学奖。盖尔曼

小心翼翼的追寻——基本粒子面面观

深邃的洞察力与旺盛的创造力使同时代的许多物理学家黯然失色。他对基本粒子物理学的重要贡献极大地加深了人类对微观世界的了解。

名人名言

盖尔曼的获奖感言

他在诺贝尔奖颁奖庆典上致词说:"对于我,研究那些法则是与对表现千差万别的自然界的热爱不可分的。自然科学基本法则的美,正如粒子和宇宙的研究所揭示的,在我看来,是与跳到纯净的瑞典湖泊中的野鸭的柔软性相关的……"

最初,电子、质子和中子被认为是基本粒子,所有物质都是由它们构成的。后来,在20世纪40~50年代,先在宇宙线事例中,后又在高能加速器中发现了一些新的不稳定粒子。其中,有些粒子(介子)的质量大约为电子质量的1 000倍;有些具有10^{-10}秒的长寿命,与所期望的强相互作用的寿命10^{-23}秒相比,显得很"奇异"。大约在1961年,盖尔曼和以色列物理学家尼曼彼此独立地发展了一种新理论,盖尔曼将它称为八正法(依据佛教关于八种正确的生活方式能免遭痛苦的劝说而命名)。

为了进一步从理论上解释构成强子的组成粒子,盖尔曼在坂田模型和八重态方法的基础上于1964年提出了"夸克模型"的设想。按照这种模型,所有已知的基本粒子都是由三种更为基本的粒子——"夸克"组成的。利用夸克模型,可以很好地解释重子的八重态、十重态以及介子的八重态。盖尔曼一直是粒子物理学的开路先锋。1969年他获得诺贝尔物理学奖,正是出于对大自然的这种热爱引领他去发现微观世界的秩序。

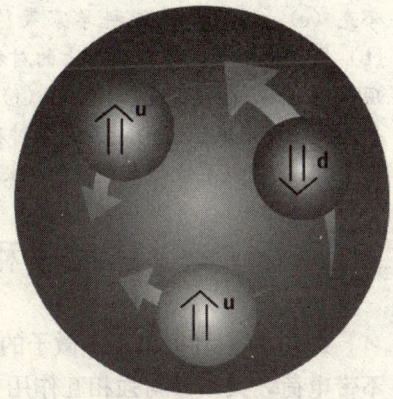

◆盖尔曼将夸克分为3种:上夸克(u)、下夸克(d)和奇夸克(s)。质子是由两个上夸克、一个下夸克组成的

走进诺贝尔奖名人堂

> **小知识**
>
> "夸克"一词原指一种德国奶酪或海鸥的叫声。盖尔曼当初提出这个模型时,并不企求能被物理学家承认,因而它就用了这个幽默的词。

广角镜——六种夸克的发现之旅

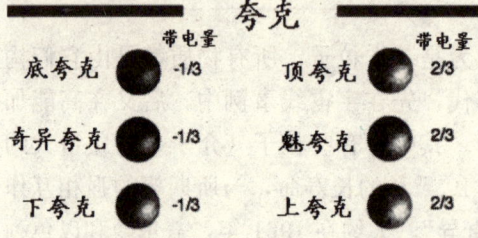

◆六种夸克示意图

美国物理学家盖尔曼提出大多数基本粒子都是由更新的粒子夸克组成的,他将夸克分为3种:上夸克(u)、下夸克(d)和奇夸克(s)。1974年,丁肇中和里克特分别独立地发现了新粒子J/ψ,原有的夸克理论已无法解释新的实验事实,因此引入了第四种夸克——粲夸克(c)。1977年美国科学家莱德曼发现了由第五种更重的夸克——底夸克(b)构成的强子。根据理论上的对称性,物理学家预言应该存在第六种夸克称为顶夸克(t)。为了寻找顶夸克(t)的蛛丝马迹,各国物理学家整整奋斗了17年。美国费米实验室的顶夸克组对有疑问的夸克的轨迹做了几千次的测量,终于在1994年找到了顶夸克存在的证据。

中微子和重轻子的发现

1930年泡利提出了中微子的概念。但是,由于这种微小的中性粒子既不带电荷,又不参与强相互作用,质量微不足道,它的存在一直未能得到实验验证。人们只能从能量和角动量的分析来论证这一幽灵式的基本粒子的存在和所起的作用。1952年,美国的戴维斯应用我国科学家王淦昌提出的K俘获法,间接观测到了中微子的存在。与此同时,直接捕获中微子的工作也开始了。1956年,美国科学家莱因斯和考恩用核反应堆发出的反中微子与质子碰撞,第一次直接证实了中微子的存在。

小心翼翼的追寻——基本粒子面面观

点击

王淦昌是宇宙射线及基本粒子物理研究的主要奠基人和开拓者,在国际上享有很高的声誉。被誉为"中国核武器之父"、"中国原子弹之父"。

1962年,美国科学家莱德曼、舒瓦茨和斯坦伯格在美国布鲁克海文国家实验室的加速器上用质子束打击铍靶的实验中发现中微子有"味道"的属性,证实与 μ 子相伴的 μ 子中微子 $n\mu$ 和与电子相伴的电子中微子 ne 是不同的中微子(第三、四种轻子)。一年以后,布鲁克海文的结果又在欧洲核子中心和费米实验室被更高的统计结果所证实。

◆马丁·佩尔因发现了重轻子,弗雷德里克·莱因斯因检测到了中微子,共同分享了1995年度的诺贝尔物理学奖

小知识

中微子是轻子的一种,其自旋为1/2,符号为 ν。中微子有三种:电子中微子、μ 子中微子和 τ 子中微子,分别对应于相应的轻子:电子、μ 子和 τ 子。

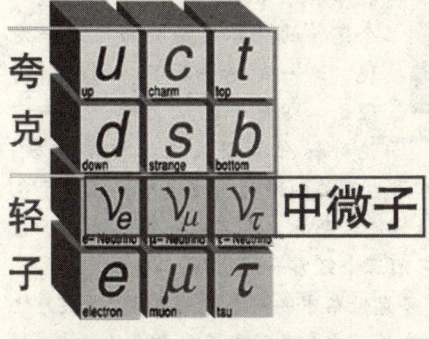

◆构成物质世界12种最基本的粒子,其中三种为中微子

1975年,美国科学家佩尔等人在美国 SLAC 实验室的 SPEAR 正负电子对撞机上发现了一个比质子重两倍,比电子重3 500倍的新粒子,其特性类似于电子和 μ 子。经过反复检验,证明是在电子和 μ 子之外的又一种轻子(第五种轻子),以希腊字母 τ 表示(取自氚核的第一个字母)。

中微子和重轻子的发现使人们

与物理学对话

"科学就在你身边"系列

走进诺贝尔奖名人堂

◆莱德曼、施瓦茨和斯坦博格因发展中微子束方法并通过发现 μ 子中微子显示轻子的二重态结构，共同分享了1988年度诺贝尔物理学奖

对于微观世界的认识大大跨越了一步，增添了人类关于基本粒子的知识。但是人类对物质世界的认识是没有止境的，有没有第四代基本粒子，仍是物理学家们正在追寻的问题。

链接——夸克世界的一个精彩发现

◆美国科学家格罗斯、波利泽和维尔切克

荣获2004年度诺贝尔物理学奖的三位美国科学家格罗斯、波利泽和维尔切克在1973年通过一个完善的数学模型公布了这一发现。这一发现导致了一个全新的理论，即量子色动力学。这一理论对标准模型做出了重要贡献。标准模型形容了与电磁力、强作用力、弱作用力有关的所有物理现象。在量子色动力学家的帮助下，物理学家终于能够解释为什么夸克只有在极高能的情况下它才会表现为自由粒子。在质子和中子中，它们三个经常一起出现。

评委们把3位美国科学家的成就称为"夸克世界中的一个精彩发现"，认为他们的发现有助于解释为什么夸克只有在极高能量下才会表现出近乎自由的状态。

严谨的科学艺术品

——测量与检测技术

许多诺贝尔物理学奖的获得都依赖于精确的检测和测量技术。精密测量技术是获得成功的基础,同时也是科学前沿问题,对科学发展能提供有力的支撑和促进作用。精密测量有效数字每提高一位,往往预示着新的物理效应或自然规律的发现,现代物理学就是在不懈地追求精密中发展起来的。过去几十年,精密测量技术和方法在欧美发达国家发展较快,取得了一系列重要突破,拓展了人类对客观物理世界的认识。与此同时,精密测量方法在不同领域和社会需求等方面的广泛应用正在逐步改变着人们的生活。可以预计,精密测量物理还将继续取得更大的进展,从而在认识客观物理世界和满足国家重大需求等方面开创新的时代。

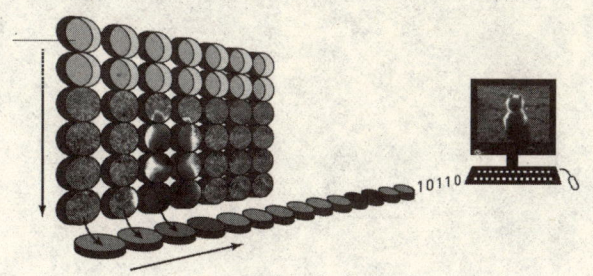

严谨的科学艺术品——测量与检测技术

绝妙的艺术品——迈克耳孙干涉仪

1907年诺贝尔物理学奖授予美国芝加哥大学的迈克耳孙(1852~1931年)，以表彰他对光学精密仪器及用之于光谱学与计量学研究所作的贡献。迈克耳孙是著名的实验物理学家。他以精密测量光的速度和以空前的精确度进行以太漂移实验而闻名于世。他发明的以他的名字命名的干涉仪至今还有广泛应用。

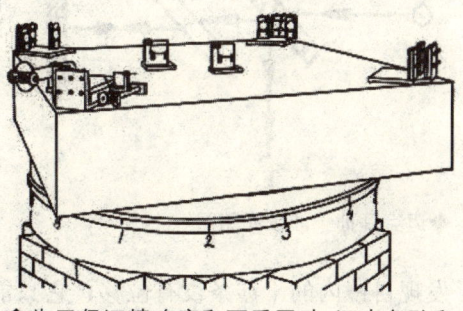

◆为了保证精确度和不受震动，迈克尔孙和莫雷将干涉仪浮在水银上

迈克耳孙－莫雷实验

19世纪80年代人们普遍接受的光的波动学说简单地假定了媒质"以太"的存在，它必须充满分子之间的空间，不管是透明体还是不透明体，还必须充满星际空间。

为了证明以太的存在，1887年，刚做完有史以来最精确的测量光速实验的迈克耳孙与莫雷一起设计的后来称之为迈克耳孙干涉仪的实验。他们探测以太的理论基础是：若空间充斥着以太，则顺以太

◆多名诺贝尔物理学奖得主，前排左起迈克耳孙、爱因斯坦和密立根

与物理学对话

走进诺贝尔奖名人堂

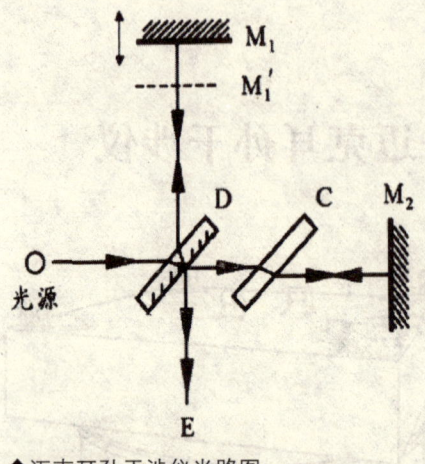

◆迈克耳孙干涉仪光路图

风传播的光波，其速度应快于逆以太风行进的光波之速度。此实验在美国凯斯技术学院进行。仪器的结构如图所示：从一光源发出的光经分光板 D（C 为补偿板）分成互相垂直的两路光束，它们各经一个平面反射镜 M_1、M_2 反射回到分光板时又结合在一起射入望远镜的目镜 E，在那里形成干涉条纹。为了最大限度地显示两路光束因以太风的存在出现的光速之差，两位科学家在注视目镜中干涉条纹的同时将仪器台旋转 90°，如果发现目镜内的干涉条纹有位移，它只能是因为地球在以太中运行所致，从而便能证明以太的存在。地球以每秒 30 千米的速度绕太阳运行，因此，两位科学家认为与地球同一运动方向传播的光波受以太风的影响其速度应减慢每秒 30 千米，即真空中光速每秒 30 万千米的 0.01%，他们设计的实验应灵敏到足以探测出这一数量级的效应。但令他们失望的是实验结果未能证明以太的存在，测得的光速与仪器的运动方式无关。以此实验结果为基础之一，爱因斯坦建立了他的狭义相对论。

小知识

虽然学者们一直在争论这个经典以太漂移实验的作用，但是迈克耳孙自己在晚年仍然在提："可爱的以太。"他在 1927 年的最后一本书里写道，相对论已被"普遍接受"，但他自己却仍持怀疑态度。

名人介绍——严谨的迈克耳孙

迈克耳孙为光速测量毕生奋斗，从 20 多岁改善傅科的实验方法起，到 30 多

严谨的科学艺术品——测量与检测技术

岁时测出全世界公认的光速值。在迈克耳孙所处的时代,光速是一个最难测的物理量,但因为它在电磁波理论中所处的地位,更加精确的测量是很必要的。

他对科学实验实事求是、一丝不苟的作风是科学创新的必备要素。曾作过他的助手的密立根(1923年诺贝尔物理学奖获得者)回忆迈克耳孙时说:"他最显著的特点是异乎寻常的诚实正直,他痛恨粗心大意的、不严格的、含糊其词的说明,以及所有的欺骗和错误的说明。即使在病重期间,迈克耳孙仍然认为'更准确地测量光速,是我一生中努力追求的目标之一。这是所有物理常量中最难测的一个,但我决不能放弃这一机会'。"

◆迈克尔孙——年过七旬以后仍为提高测量精度呕心沥血,直至1931年逝世,给了我们以深刻的启示

与物理学对话

走进诺贝尔奖名人堂

检测技术的革命——光散射和拉曼效应

◆散射无处不在

在光的散射现象中有一特殊效应，和X射线散射的康普顿效应类似，光的频率在散射后会发生变化。频率的变化决定于散射物质的特性。这就是拉曼效应，是拉曼在研究光的散射过程中于1928年发现的。拉曼光谱是入射光子和分子相碰撞时，分子的振动能量或转动能量和光子能量叠加的结果，利用拉曼光谱可以把处于红外区的分子能谱转移到可见光区来观测。因此拉曼光谱作为红外光谱的补充，是研究分子结构的有力武器。

散射与散射拉曼光谱

散射是一种普遍存在的光学现象。在光通过各种浑浊介质时，有一部分光会向四方散射，沿原来的入射或折射方向传播的光束减弱了，即使不迎着入射光束的方向，人们也能够清楚地看到这些介质散射的光。这种现象就是光的散射。我们生活在地球上，有白天和晚上之分的原因也是大气层的散射。这不是幻想，事实上宇航员从太空已经看到了这样的现象。而且正因为地球

没有散射，我们在白天看到的天空将与晚上一样，唯一不同的是有一个十分明亮的太阳在黑色的背景上发出耀眼的光芒。

严谨的科学艺术品——测量与检测技术

被大气层包围着,宇航员从太空看地球,看到的是一个美丽的"蓝色的星球"。当激光照射到物质上时,也会出现散射,我们称它为拉曼散射光谱。

1928年印度物理学家拉曼用水银灯照射苯液体,发现了新的辐射谱线。在透明介质的散射光谱中,频率与入射光频率相同的成分称为瑞利散射;频率对称分布在入

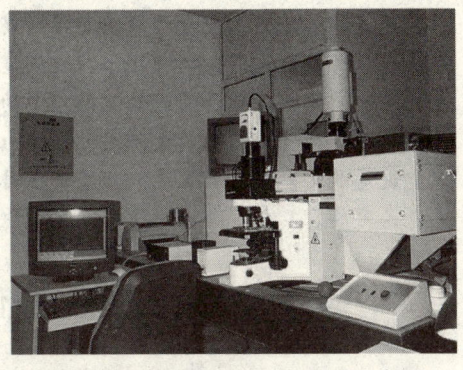

◆南京大学的拉曼光谱仪

射光频率两侧的谱线即为拉曼光谱,其中频率较低的成分又称为斯托克斯线,频率较高的成分又称为反斯托克斯线。1962年,珀托和伍德首次报道了运用脉冲红宝石激光器作为拉曼光谱的激发光源来开展拉曼散射的研究。从此激光拉曼散射成为众多领域在分子原子尺度上进行振动谱研究的重要工具。激光器的问世,提供了优质高强度单色光,有力地推动了拉曼散射的研究及其应用。拉曼光谱的应用范围遍及化学、物理学、生物学和医学等各个领域,对于纯定性分析、高度定量分析和测定分子结构都有很大价值。

天空为什么是蓝色的?

瑞利散射可以解释天空为什么是蓝色的。白天,太阳在我们的头顶,当日光经过大气层时,与空气分子(其半径远小于可见光的波长)发生瑞利散射,因为蓝光比红光波长短,瑞利散射发生得比较激烈,被散射的蓝光布满了整个天空,从而使天空呈现蓝色,但是太阳本身及其附近呈现白色或黄色,是因为此时你看到更多的是直射光而不是散射光,所以日光的颜色(白色)基本未改变——波长较长的红

◆天为什么这么蓝?

黄色光与蓝绿色光（少量被散射了）的混合。

当日落或日出时，太阳几乎在我们视线的正前方，此时太阳光在大气中要走相对很长的路程，你所看到的直射光中的蓝光大量都被散射了，只剩下红橙色的光，这就是为什么日落时太阳附近呈现红色，而天空的其他地方由于光线很弱，只能说是非常昏暗的蓝黑色。如果是在月球上，因为没有大气层，天空即使在白天也是黑的。

拉曼光谱仪的结构

◆汞灯已经被激光光源所替代

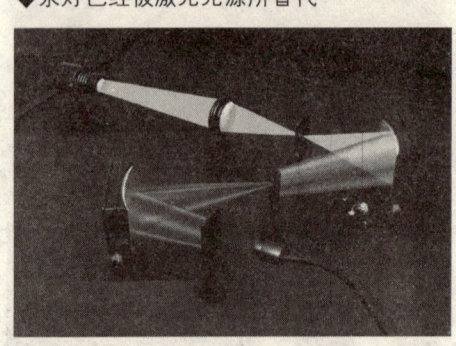

◆单色仪

拉曼光谱仪一般由光源、外光路、色散系统、接收系统、信息处理与显示五个部分构成。

光源的功能是提供单色性好、功率大并且最好能多波长工作的入射光。目前拉曼光谱实验的光源已全部用激光器代替历史上使用的汞灯。

外光路部分包括聚光、集光、样品架、滤光和偏振等部件。用一块或两块焦距合适的会聚透镜，使样品处于会聚激光束的腰部，以提高样品光的辐照功率，可使样品在单位面积上辐照功率比不用透镜会聚前增强 10^5 倍。样品架的设计要保证使照明最有效和杂散光最少，尤其要避免入射激光进入光谱仪的入射狭缝。为此，对于透明样品，最佳的样品布置方案是使样品被照明部分呈光谱仪入射狭缝形状的长圆柱体，并使收集光方向垂直于入射光的传播方向。同时光路中还必须要有滤光装置。安置滤光部件的主要目的是为了抑制杂散光以提高拉曼散射的信噪比。如果要做偏振谱测量时，必须在外光路中插入偏振元件。加入偏振

严谨的科学艺术品——测量与检测技术

旋转器可以改变入射光的偏振方向。

色散系统使拉曼散射光按波长在空间分开,通常使用单色仪。目前,拉曼散射信号的接收类型分单通道和多通道接收两种。光电倍增管接收就是单通道接收。为了提取拉曼散射信息,常用的电子学处理方法是直流放大、选频和光子计数,然后用记录仪或计算机接口软件画出图谱。

目前,拉曼散射研究在国内外相当活跃,1981年开始至2003年已召开了12届拉曼光谱会议

名人介绍:印度物理学家——拉曼

拉曼是印度一位伟大的物理学家,他因为在光散射和拉曼效应的工作而在1930年获得诺贝尔奖,当时他是亚洲第一位获此殊荣的科学家。

1928年关于拉曼效应的论文就发表了57篇之多。拉曼是印度人民的骄傲,也为第三世界的科学家做出了榜样,他大半生处于独立前的印度,竟然取得了如此突出的成就,实在令人钦佩。特别是拉曼是印度国内培养的科学家,他一直立足于印度国内,发愤图强,艰苦创业,建立了有特色的科学研究中心,走到了世界的前列。

◆印度著名物理学家——拉曼

与物理学对话

走进诺贝尔奖名人堂

最准的时钟——时间的精确计量

◆时间标准是人类探测和研究物质运动和变化的标准

与物理学对话

不知道你听过诗人惠特曼的一个诗句没有：我现在这一分钟是经过了过去无数亿万分钟才出现的，世上再没有比这一分钟和现在更好。这句话似乎更加适合今天我们提到的一个冷门话题——原子钟。

原子钟是目前人类最精确的时间测量仪器，主要是利用原子不受温度和压力影响的固定频率振荡的原理制成。原子钟用在对时间要求特别精确的场合，比如全球定位系统，以及互联网的同步都采用了原子钟。格林威治时间和北京时间的时间基准也都依靠原子钟为标准。

什么是原子钟？

◆年青时的拉姆齐

拉姆齐，1915年8月27日出生在美国首都华盛顿。中学毕业后，进入哥伦比亚大学学习物理学，获得学士及硕士学位，在英国剑桥大学工作两年后，于1937年夏回到哥伦比亚大学，在著名分子束专家拉比教授指导下攻读博士学位。有趣的是拉姆齐导师的第一个忠告是"分子束方面没有多少前

严谨的科学艺术品——测量与检测技术

途",然而出乎预料,仅几个月后拉比教授发明了分子束磁共振方法,导致了许多重大发现,并因此而荣获1944年诺贝尔物理学奖,拉姆齐也因利用分子束研究分子的旋转磁矩于1940年取得博士学位。在以后的研究工作中,他利用分离振荡场的思想发展了他导师的方法,这一思想立即导致了铯原子钟的发明,并在许多其他领域得到成功的应用,使他获得了科学上的最高荣誉。

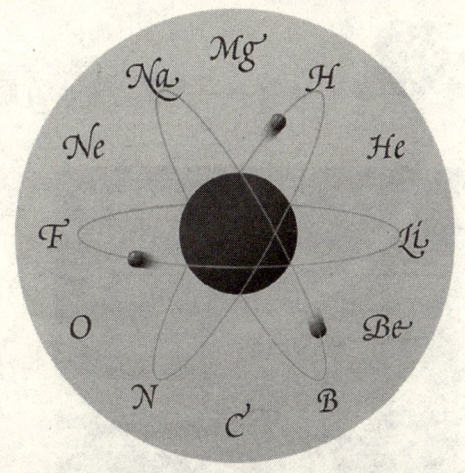

◆精密的原子钟和一般的钟完全不同

在原子钟里,一束处于某一特定"超精细状态"的原子束穿过一个振荡电磁场。当原子的超精细跃迁频率越接近磁场的振荡频率,原子从磁场中吸收的能量就越多,从而产生从原始超精细状态到另一状态的跃迁。通过一个反馈回路,人们能够调整振荡场的频率直到所有的原子完成了跃迁。原子钟就是利用振荡场的频率即保持与原子的共振频率完全相同的频率作为产生时间脉冲的节拍器。

 小 知 识

现在用在原子钟里的元素有氢、铯、铷等。原子钟的精度可以达到每100万年才误差1秒。这为天文、航海、宇宙航行提供了强有力的保障。

人们日常生活需要知道准确的时间,生产、科研上更是如此。人们平时所用的钟表,精度高的大约每年会有1分钟的误差,这对日常生活是没有影响的,但在要求很高的生产、科研中就需要更准确的计时工具。目前世界上最准确的计时工具就是原子钟,它是20世纪50年代出现的。原子钟是利用原子吸收或释放能量时发出的电磁波来计时的。由于这种电磁波非常稳定,再加上利用一系列精密的仪器进行控制,原子钟的计时就可以非常准确了。

走进诺贝尔奖名人堂

广角镜——世界上最小的原子钟

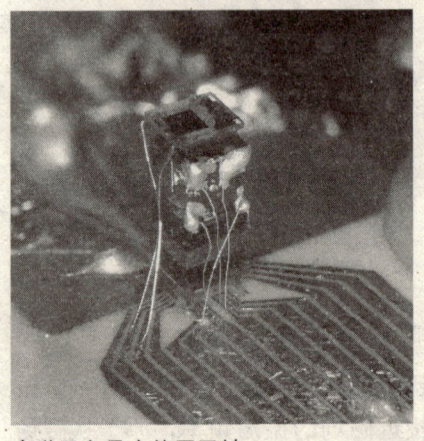

◆世界上最小的原子钟

美国科学家制造出世界上最小的原子钟,内部机械的尺寸只有米粒那么大。该器件运行时只消耗少许能量,300年才慢一秒,能提供便携式应用的精确时间,比如无线通信器件和全球定位系统(GPS)接收机。

与其他原子钟一样,新设计依赖于铯原子的自然振荡,每秒振荡92亿次。美国国家标准与技术研究院的同事测量由激光探测的室内铯蒸气,产生两个电磁场。研究小组调整电磁场,直到它们之间的差距与铯原子之间的能量相同,从而使原子停止吸收或发射光。一个外部示波器即随着铯的自然谐振频率而稳定下来。

这个原子钟在精确度上比高达2米的原子钟要差些,但仍然能比应用的石英钟高近1 000倍的精度。

原子钟的发展史

◆传统的石英钟

直到20世纪20年代,最精确的时钟还是依赖于钟摆的有规则摆动。取代它们的更为精确的时钟是基于石英晶体有规则振动而制造的,这种时钟的误差每天不大于千分之一秒。即使如此精确,但它仍不能满足科学家们研究爱因斯坦引力论的需要。根据爱因斯坦的理论,在引力场内,空间和时间都会弯曲。因此,在珠穆朗玛峰顶部的一个时钟,比海平面完全相同的一个时钟平均每天快三千万分之一秒。所以精确测定时间的唯一办法只能是通过原子本身的微小振动来控制计

严谨的科学艺术品——测量与检测技术

◆这个庞然大物是最早期的原子钟之一，现代人都是依照这个原子钟为模型做出高精度的仪器。

时钟。

二战后，美国国家标准局和英国国家物理实验室都宣布，要以原子共振研究为基础来确定原子时间的标准。世界上第一个原子钟是由美国国家物理实验室的埃森和帕里合作建造完成的，但这个钟需要一个房间的设备，所以实用性不强。另一名科学家扎卡来亚斯使得原子钟成为一个更为实用的仪器。扎卡来亚斯计划建造一个被他称为原子喷泉的、充满了幻想的原子钟，这种原子钟非常精确，足以研究爱因斯坦预言的引力对于时间的作用。研制过程中，扎卡来亚斯推出了一种小型的原子钟，可以从一个实验室方便地转移到另一个实验室。1954年，他与麻省的摩尔登公司一起建造了以他的便携式仪器为基础的商用原子钟。两年后该公司生产出了第一个原子钟，并在四年内售出50个，如今用于GPS的铯原子钟都是这种原子钟的后代。

轶闻趣事——制造出世界上最准确的时钟

像其前任一样，位于科罗拉多州大学的这台锶原子钟利用锶原子振动极度一致的自然属性，让振动原子来跟踪时间的流逝。在零下273℃的低温下，让激光束夹持这些锶原子，其原子的"钟摆效应"将更为一致。在这种低温下，所有的物质都将停止共振。

哥本哈根大学的核物理学家简·胡姆森教授说："原子由原子核和电子组成，电子围绕原子核在精确的轨道上旋转。"胡姆森教授和美国科罗拉多州大学的科学家一同从事此原子钟的研发工作。他说："通过聚集的激光束让电子在其精确的轨道之间来回摆动，就能形成此原子钟的钟摆。"

◆原子钟里的超冷锶原子

走进诺贝尔奖名人堂

微观世界的抓捕——俘获自由原子历程

◆玻色—爱因斯坦凝聚态

瑞典皇家科学院1997年10月15日宣布,本年度的诺贝尔物理学奖授予美国斯坦福大学物理教授朱棣文、美国标准与技术研究所的菲利普斯和法国学者科昂塔诺季,以表彰他们发明了用激光冷却进行低温下俘获原子的方法。这是继杨振宁、李政道、丁肇中和李远哲之后又一位获得诺贝尔奖的美籍华裔科学家,也是华人第4次获得诺贝尔物理学奖。

朱棣文坦言:事先已有一些预感,觉得自己的研究"非常的疯狂",所以得奖是"应该有一点机会的"。事实上,朱棣文从事该项研究已有14年,且取得一定的成就——1993年该项研究即获费萨尔国王国际科学奖。那么,现在让我们一同走进这个让人"疯狂"的激光冷却吧。

为什么要激光冷却?

朱棣文从事的是目前世界上最尖端的激光致冷捕捉技术研究,有着非常广泛的实际用途,这项研究为帮助人类了解放射线与物质之间的相互作用,特别是深入理解气体在低温下的量子物理特性开辟了道路。

在原子与分子物理学中,研究气体的原子与分子相当困难,因为它们即使在室温下,也会以几百千米的速度朝四面八方移动,唯一可行的方法是冷却,然而,一般冷却方法会让气体凝结为液体进而结冻。朱棣文等3位学者则利用激光达到冷却气体的效果,即用激光束达到万分之一绝对温度,等于非常接近绝对零度(零下273℃)。原子一旦陷入其中,速度将变得非常缓慢，变得容易被俘获。

万花筒

激光冷却的意义

人们可以利用激光冷却技术解开地球上的许多谜团：例如观察油田的内层、勘探海底或地层内的矿物质，在生物科技上可以解读去氧核糖核酸（DNA）的密码；科学家还可以借此研究"原子激光"，制造精密的电子元件；也可以测量万有引力，进一步发展太空宇航系统。

利用激光和原子的相互作用减速原子运动是可以获得超低温原子的高新技术。这一重要技术早期的主要目的是为了精确测量各种原子参数，用于高分辨率激光光谱和超高精度的量子频标（原子钟）。

点击

朱棣文的激光冷却技术后来成为实现原子玻色－爱因斯坦凝聚低温条件的关键实验方法。

怎样实现激光冷却？

虽然早在 20 世纪初人们就注意到光对原子有辐射压力作用，只是在激光器发明之后，才发展了利用光压改变原子速度的技术。两束激光的净作用是产生一个与原子运动方向相反的阻尼力，从而使原子的运动减缓（即冷却下来）。

1985 年美国国家标准与技术研究院的菲利浦斯和斯坦福大学

◆激光冷却原理图

走进诺贝尔奖名人堂

的朱棣文首先实现了激光冷却原子的实验,并得到了极低温度($24\mu K$)的钠原子气体。科学家们进一步用三维激光束形成磁光阱将原子囚禁在一个空间的小区域中加以冷却,获得了更低温度的"光学黏胶"。此后,人们还发展了磁场和激光相结合的一系列冷却技术。朱棣文、科昂塔诺季和菲利浦斯三人也因此而获得了1997年诺贝尔物理学奖。激光冷却有许多应用,如:原子光学、原子刻蚀、原子钟、光学晶格、光镊子、玻色—爱因斯坦凝聚、原子激光、高分辨率光谱以及光和物质的相互作用的基础研究等等。

名人介绍——自信而又幽默的朱棣文

与物理学对话

◆著名物理学家——朱棣文

朱棣文1948年2月28日出生在美国密苏里州圣路易斯市一个学者之家。成长在一个传统的中国家庭里,朱棣文三兄弟从小就受到了东方文化的熏陶和培养。从父母身上他学会了刻苦、勤劳和谦逊,美国的开放式教育也造就了他的幽默、风趣和自信。

1987年任斯坦福大学物理学教授,1990年任该校物理系主任。从1983年起朱棣文开始从事原子冷却技术的研究。他荣获诺贝尔奖的科研项目的主要工作是1987年到1992年期间在斯坦福大学完成的。参加这项研究有很多科学家,和他一起获得了诺贝尔物理学奖。朱棣文说,虽然他们是单独工作的,但"各自从不同方面做成了这件事。虽然我们的具体目标不一样,但这是一个异曲同工的贡献,我们的工作将造福人类"。

严谨的科学艺术品——测量与检测技术

玻色-爱因斯坦凝聚与激光冷却

历史故事

1924年，年轻的印度物理学家玻色寄给爱因斯坦一篇论文：提出了一种关于原子的新的理论，在传统理论中，人们假定一个体系中所有的原子都是可以辨别的。然而玻色却挑战了上面的假定，认为在原子尺度上我们根本不可能区分两个同类原子（如两个氧原子）有什么不同。玻色的论文引起了爱因斯坦的高度重视，他将玻色的理论用于原子气体中，进而推测，在正常温度下，原子可以处于任何一个能级，但在非常低的温度下，大部分原子会突然跌落到最低的能级上，就好像一座突然坍塌的大楼一样。打个比方，练兵场上散乱的士兵突然接到指挥官的命令"向前齐步走"，于是他们迅速集合起来，像一个士兵一样整齐地向前走去。后来物理界将物质的这一状态称为玻色-爱因斯坦凝聚态（BEC），它表示原来不同状态的原子突然"凝聚"到同一状态。这就是崭新的玻爱凝聚态。

◆印度物理学家——玻色

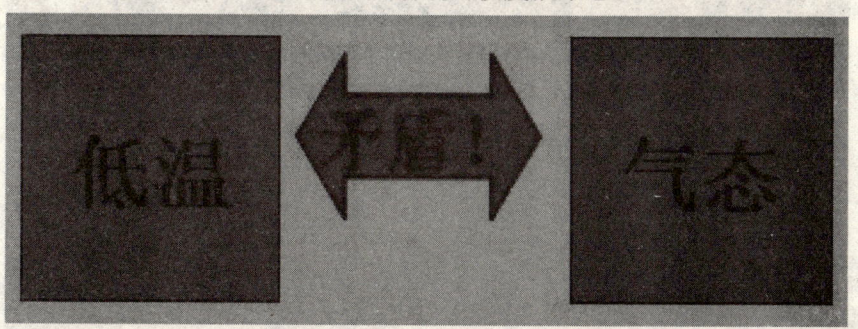

◆极低温下的物质如何能保持气态呢？这实在令无数科学家头疼不已

走进诺贝尔奖名人堂

突破发展

◆激光冷却技术为实验提供了低温条件

后来物理学家使用稀薄的金属原子气体，金属原子气体有一个很好的特性：不会因制冷出现液态，更不会高度聚集形成常规的固体。实验对象找到了，下一步就是创造出可以冷却到足够低温度的条件。由于激光冷却技术的发展，人们可以制造出与绝对零度仅仅相差十亿分之一摄氏度的低温。并且利用电磁操纵的磁阱技术可以对任意金属物体实行无触移动。1995年6月，两名美国科学家康奈尔、维曼以及德国科学家克特勒分别在铷原子蒸气中第一次直接观测到了玻爱凝聚态。这三位科学家也因此而荣膺2001年度诺贝尔物理学奖。

◆从左至右依次为：德国科学家克特勒、美国科学家康奈尔、美国科学家维曼

严谨的科学艺术品——测量与检测技术

穿越晶体的秘密射线——X射线趣谈

X射线的发现是19世纪末20世纪初物理学的三大发现（X射线1896年、放射性1896年、电子1897年）之一，这一发现标志着现代物理学的产生。然而人们对未知的探索是永无止境的，在此后的岁月中，人们不断对X射线进行了各种性能的研究，并取得了巨大的成就。在这些成就中，最为重要的

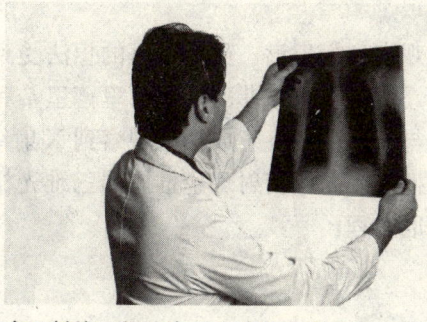

◆X射线已经改变了人类的生活

就是X射线的衍射。到目前为止，X射线的衍射已经形成了较为成熟的理论，但是在很多高等院校和科研机构中仍然有研究X射线的团队。与之对应的是X射线衍射仪已成为各个科研机构的必备实验测试仪器。

用晶体做衍射光栅

1895年伦琴发现X射线后，关于X射线的本质是不清楚的，一种观点认为是穿透性很强的中性微粒（粒子学说），另一种观点认为是波长较短的电磁波（波动学说）。应该说，劳厄的发现，除了他本人具备坚实的物理基础，敏锐的洞察能力以及当时劳厄所在的慕尼黑大学高水平的学

◆德国物理学家劳厄

与物理学对话

"科学就在你身边"系列

走进诺贝尔奖名人堂

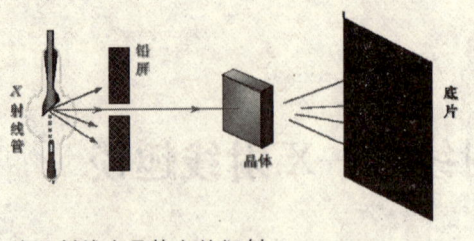

◆X射线在晶体上的衍射

术研究环境等因素外，还直接得益于与埃瓦尔德的一次谈话。通过与埃瓦尔德的讨论，劳厄酝酿出一个实验：把晶体当作一个三维光栅，让一束X射线穿过，由于空间光栅的间距与X射线波长的估计值在数量级上近似，可期望观察到衍射谱。虽然劳厄的想法受到索末菲和维恩等著名物理学家的怀疑，但是在索末菲的助手弗里德里希和伦琴的博士研究生克尼平的支持和参与下，他们终于成功地观察到X射线透过硫酸铜后的衍射斑点！随后劳厄把二维光栅衍射理论推广到三维光栅情况，得到了描述晶体衍射的著名劳厄方程。

人物志

刚正不阿的劳厄

劳厄为人正直坦诚，每当科学自由受到威胁时，他总是义正辞严地捍卫它。1920年，当勒纳德等人在柏林召开反爱因斯坦广义相对论公开集会的第二天，劳厄就和能斯特、鲁本斯联名在柏林日报上发表公开信予以反击。在第二次世界大战期间，他从未参与与军事有关的科学活动。1943年终于被纳粹当局强令从柏林大学提前退休。

X射线晶体衍射的发现解决了当时科学上两大难题，证实晶体的点阵结构具有周期性以及X射线具有波动性，其波长与晶体点阵结构周期同一数量级，真可谓一箭双雕。爱因斯坦称劳厄的实验是"物理学最完美的实验"。由于X射线晶体衍射的发现，劳厄于1914年荣获诺贝尔物理学奖。

严谨的科学艺术品——测量与检测技术

小知识——第五位 X 射线幸运儿

1917 年诺贝尔物理学奖授予英国爱丁堡大学的巴克拉（1877～1944 年），以表彰他发现了标识伦琴射线。巴克拉是第五位因研究 X 射线获得物理学奖的学者，在他之前有 1901 年获奖的伦琴，1914 年的劳厄和 1915 年的布拉格父子。不到 20 年就有 5 位诺贝尔物理学奖获得者，占当时总数的四分之一以上，由此可见，X 射线的研究成果在 20 世纪的头 20 年中占有何等重要的地位。

晶体的 X 射线分析

劳厄的发现引起了布拉格父子的极大关注。当时，老布拉格是里兹大学物理系教授，是一个坚信 X 射线粒子学说的物理学家；小布拉格是剑桥大学卡文迪什实验室的研究生，父子俩经常讨论劳厄的实验及其解释。1912 年暑假后，小布拉格开始做 X 射线透

◆布拉格父子(Bragg WH 和 Bragg WL)

射 ZnS 晶体的实验时发现底片与晶体的距离增大时衍射斑点变小。超凡的科学分析能力使他判定这可能是晶面反射的聚焦结果，晶体中整齐排列的相互平行的原子面可以看成是衍射光栅，劳厄等衍射斑点是这种光栅反射 X 射线的结果。同年 10 月，小布拉格就导出了著名的布拉格方程。这个方程反映了 X 射线波长与晶面间距之间的关系，既可测定 X 射线波长，又可作为测定晶体结构的工具。

从 1913 年起，两年内小布拉格测定了氯化钠、金刚石、硫化锌、黄铁矿、萤石和方解石的晶体结构。老布拉格设计、制造了一台 X 射线分光

走进诺贝尔奖名人堂

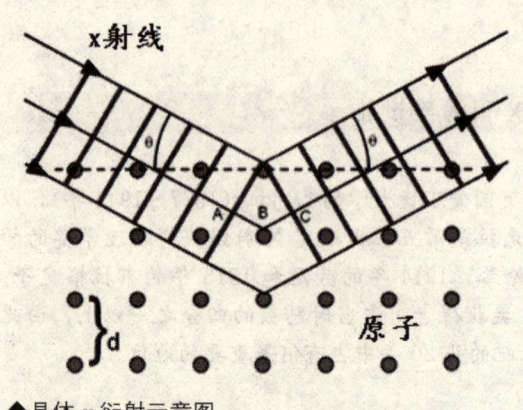

◆晶体 x 衍射示意图

计,不但开拓了 X 射线衍射学的研究,还发现了一些金属元素的 L 特征射线及吸收边。布拉格方程的创立,标志着 X 射线晶体学理论及其分析方法的确立,揭开了晶体结构分析的序幕,同时为 X 射线光谱学奠定了基础。1915 年布拉格父子荣获诺贝尔物理学奖。

知 识 库

最年轻的获奖者

劳伦斯·布拉格年仅 25 岁时就荣获了诺贝尔奖,他是历史上最年轻的诺贝尔物理学奖获得者。1965 年 12 月在斯德哥尔摩特意举行了庆贺他获得诺贝尔奖五十周年典礼。

  晶体 X 射线衍射的发现使物理学中关于物质结构的认识从宏观进入微观,从经典过渡到现代,发生了质的飞跃。晶体 X 射线衍射发现以前,晶体学的研究停留在晶体形态学的宏观层次上,晶体学家利用测角术对单晶体所呈现的规则晶面之间的几何关系进行测定,得到单晶体遵循面角恒等定律和有理指数定律。直到 19 世纪晶体学对称性理论的建立和发展也是以晶体形态学测量数据为依据,但无法解释少数不满足有理指数定律的晶体,如调制结构晶体。只有晶体 X 射线衍射发现以后,晶体结构的研究才进入原子排列的层次上,不仅可以解释晶体形态学无法解释的现象,还扩大了研究对象,开辟了新的研究领域。

严谨的科学艺术品——测量与检测技术

小知识——X射线光谱学的发展

1924年诺贝尔物理学奖授予瑞典乌普沙拉大学的卡尔·西格班,以表彰他在X射线光谱学领域的发现与研究。卡尔·西格班是继巴克拉之后,又一次因X射线学的贡献而获诺贝尔物理学奖的物理学家。

X射线光谱学的发展,使人们认识了原子结构的规律性,为原子结构理论提供了直接的实验佐证,也使辨别物质的元素成为可能。这不仅极大地促进了物理学研究的深入,而且还开拓了现代化学、现代生物学和医学新领域,使科学技术产生划时代的进展。

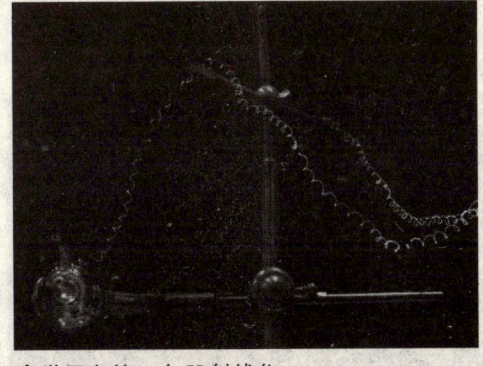

◆世界上第一台X射线仪

与物理学对话

走进诺贝尔奖名人堂

是偶然还是必然——穆斯堡尔博士的回忆

与物理学对话

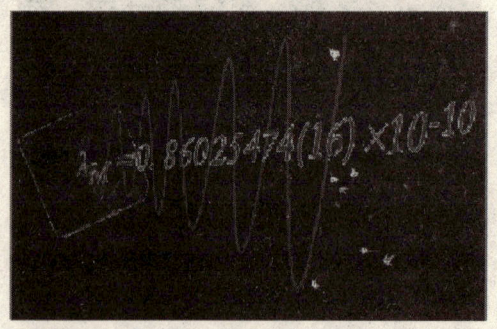

◆穆斯堡尔发现的穆斯堡尔效应形成了一门新的跨学科领域——穆斯堡尔谱学

穆斯堡尔效应首先是由德国物理学家穆斯堡尔于1958年首次在实验中实现的,因此被命名为穆斯堡尔效应。应用穆斯堡尔效应是一种非常精确的测量手段,可以研究原子核与周围环境的超精细相互作用。由于这些特点,穆斯堡尔效应一经发现,就迅速在物理学、化学、生物学、地质学、冶金学、矿物学、地质学等领域得到广泛应用。近年来穆斯堡尔效应也在一些新兴学科,如材料科学和表面科学开拓了应用前景。

不可思议的神奇效应

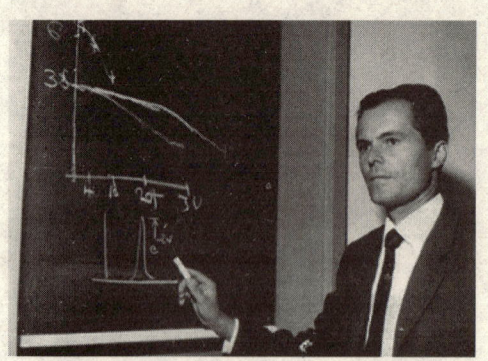

◆德国物理学家穆斯堡尔

穆斯堡尔1929年1月31日出生于德国的慕尼黑。他在中学时就对物理学发生了兴趣,把余暇时间都用来阅读有关物理学的书籍。1948年他进入慕尼黑技术学院物理系,三年后以优异成绩提前毕业,在1955年又获得硕士学位。在此期间,他除了进行硕士论文的准备工作之外,还

严谨的科学艺术品——测量与检测技术

担任该校数学研究所的兼职教师。硕士毕业以后,他来到海德堡的马克斯·普朗克物理研究所担任研究助理,并开始从事博士论文的准备工作。

1956年在慕尼黑大学准备博士论文时,穆斯堡尔发现,通过把铱原子核固定在晶格上,实际上可以消除它们的反冲及其对波长的影响。穆斯堡尔曾经说过,当洛斯阿拉莫斯实验室和阿贡国家实验室的科学家看到他1958年在德国发表的论文时,

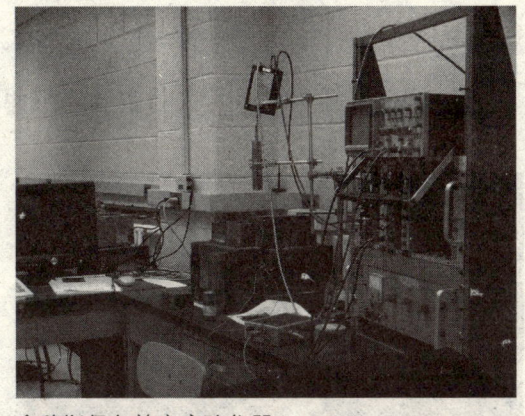

◆穆斯堡尔效应实验仪器

"……他们觉得如此地叫人不可相信,以致于他们打赌说这是错的。他们一致地重复了这些实验,并坦率地重新发表了结果,向用英语的科学界宣告这一事实,即这些实验原来确实是正确的"。后来,当重要的应用变得显而易见时,有关穆斯堡尔效应的研究论文像雪片般地出现了,从那以后,已发现约15种放射性同位素能表现出这一效应。1960年6月,大约80名科学家在伊利诺斯的阿勒顿帕克举行会议,交流了如何应用穆斯堡尔效应的一些设想。穆斯堡尔效应把能谱的测量精度提到空前的高度,正如穆斯堡尔在1961年诺贝尔奖演说词中讲的那样:"就是由于无反冲核共振吸收具有这样的特性,即可用这个手段来测量两体系间特别微小的能量差,使得这一方法具有特殊的意义,并开辟了可能运用的广阔领域。"

与物理学对话

 科技导航

洞幽烛微的探测技术

穆斯堡尔效应从原理上说,其实很简单,它之所以能得诺贝尔奖,主要是它的用途实在太大。有了它,一些需要高精度的实验也可以开展了,因此穆斯堡尔效应可以称得上是一项洞幽烛微的探测技术。

"科学就在你身边"系列

走进诺贝尔奖名人堂

广角镜——上天入地的神奇应用

与物理学对话

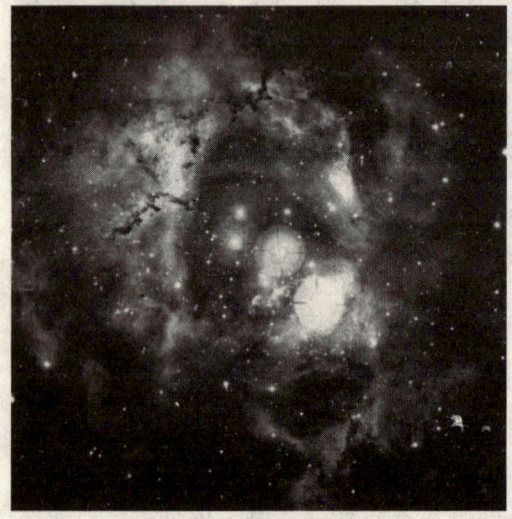

◆1960年,庞德和里布卡利用穆斯堡尔效应测量到了微小的变化

1960年,美国的两位物理学家通过穆斯堡尔效应首次在地球上成功验证了爱因斯坦的预言,理论值和实验值比较,相差不到1‰。后来又有科学家用穆斯堡尔效应验证了广义相对论的另一预言,精度达到2‰。

在微观物理学领域,人们用穆斯堡尔效应来探测原子核的精细结构和验证微观物理学的一些基本规律。比如,穆斯堡尔效应发现之后不久,美国华裔科学家吴健雄就用它证实了在弱核力作用中一项守恒定律的有效性。

此外,穆斯堡尔效应在化学、生物、地质、冶金等各个领域都有广泛的应用,如今已经形成了一门重要的边缘科学——穆斯堡尔谱学。一个偶然的发现会在这么长时间里应用于如此多的领域,这恐怕是穆斯堡尔本人也没预料到的。

严谨的科学艺术品——测量与检测技术

二度垂青的荣耀——霍尔效应

爱德温·霍尔1855年出生于美国的缅因州，毕业于约翰·霍普金斯大学。在那个年代，金属中导电的机理还不清楚。麦克斯韦在《电磁学》一书中写道：我们必须记住，推动载流导体切割磁力线的力不是作用在电流上……在导线中，电流的本身完全不受磁铁接近或其他电流的影响。真是这样吗？1879年，24岁的霍尔在撰写物理学博士论文期间对麦克斯韦的理论进行验证式实验时发现，位于磁场中的导体上出现了横向电势差，霍尔将他的这一发现写成一篇论文名为《论磁铁对电流的新作用》，发表在《美国数学杂志》上。这种"新作用"就是后来人们口中的"霍尔效应"。

◆美国物理学家霍尔

与物理学对话

霍尔效应浮出水面

事实上，在霍尔发现这个现象之前，英国物理学家洛奇（O. Lodge）也曾有类似想法，但慑于麦克斯韦的权威，放弃了实验。麦克斯韦经典电磁学理论被霍尔打破之后，新的发现不断涌现。此后的一百多年里，反常霍尔效应、整数霍尔效应、分数霍尔效应、自旋霍尔效应和轨道霍尔效应等相继被发现，构成了一个庞大的霍尔效应家族，其中整数霍尔效应和分数霍尔效应的发现者分别在1985年和1998年获得诺贝尔奖。

走进诺贝尔奖名人堂

点击

英国著名物理学家开尔文在谈到霍尔效应时说，霍尔效应即使与法拉第的电磁学相比也毫不逊色。

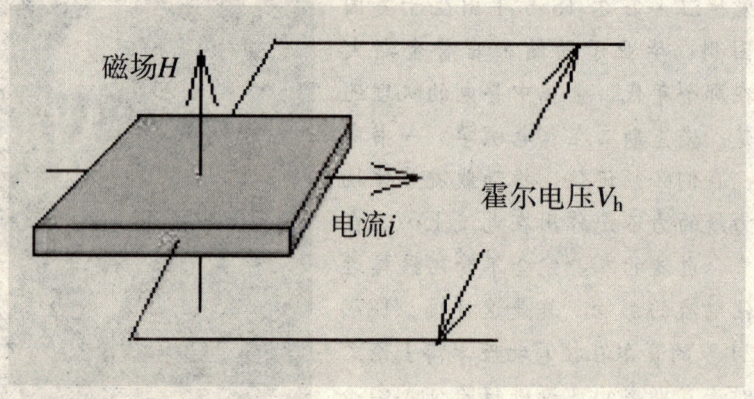

◆霍尔效应示意图

霍尔效应是磁电效应的一种，这一现象是美国物理学家霍尔于1879年在研究金属的导电机构时发现的。当电流垂直于外磁场通过导体时，在导体垂直于磁场和电流方向的两个端面之间会出现电势差，这一现象便是霍尔效应。导体中的电荷在电场作用下沿电流方向运动，由于存在垂直于电流方向的磁场，电荷受到洛伦兹力，产生偏转，偏转的方向垂直于电流方向和磁场方向，而且正电荷和负电荷偏转的方向相反，这样就产生了电势差。这个电势差也被叫做霍尔电势差。

霍尔效应此后在测量、自动化、计算机和信息技术等领域得到了广泛的应用，比如测量磁场的高斯计。

小知识——磁流体发电

磁流体发电机的主要结构包括燃烧室、磁场线圈、发电通道和负载等。磁流

严谨的科学艺术品——测量与检测技术

体发电中的带电流体,它们是通过加热燃料、惰性气体、碱金属蒸气而得到的。在几千摄氏度的高温下,这些物质中的原子和电子的运动都很剧烈,有些电子甚至可以脱离原子核的束缚,结果,这些物质变成自由电子、失去电子的离子以及原子核的混合物,这就是等离子体。将等离子体以超音速的速度喷射到一个加有强磁场的管道里面,在磁场中受到洛伦兹力的作用,分别向

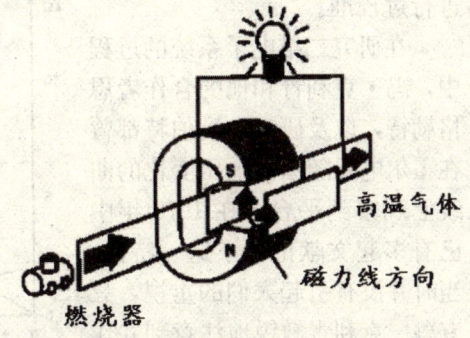

◆磁流体发电机示意图

两极偏移,于是在两极之间产生电压,用导线将电压接入电路中就可以使用了。离开通道的气体成为废气,它的温度仍然很高,可达 2 300K。这种废气导入普通发电厂的锅炉,以便进一步利用。废气不再被利用的磁流体发电机称为开环系统;在利用核能的磁流体发电机内,气体——等离子体是在闭合管道中循环流动、反复使用的,这样的发电机称为闭环系统。

一度垂青——量子霍尔效应

在霍尔效应发现约 100 年后,德国物理学家克利青(Klaus von Klitzing,1943 年生)等在研究极低温度和强磁场中的半导体时发现了量子霍尔效应(运动电荷受到了磁场的作用力,从而运动方向发生偏转,这个力通常叫做洛伦兹力,它为荷兰物理学家 H. A. 洛伦兹首先提出,故得名),这是当代凝聚态物理学令人惊异的进展之一,克利青为此获得了 1985 年的诺贝尔物理学奖。

冯·克利青早在当学生时就熟悉了强磁场技术,不过那时用的是脉冲式强磁铁,采用高压电容放电,铜线圈用液氮冷却,冯·克利青曾对线圈

◆德国物理学家——克利青

走进诺贝尔奖名人堂

进行过校准。

在研究二维电子系统的过程中，冯·克利青和他的合作者恩格勒特，以及研究生爱伯特都曾在霍尔电阻随栅极电压变化的曲线上观察到平台。在 1978 年中已有多起文献记载了这一特性，当时并没有引起人们的重视，只有冯·克利青敏锐地注意到并作了坚持不懈的研究。

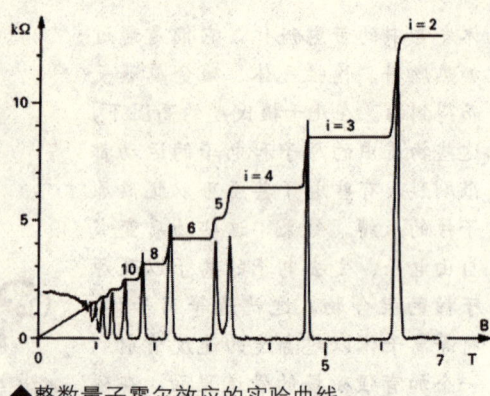

◆整数量子霍尔效应的实验曲线

他发现 MOSFET 的霍尔电阻按 h/e^2 的分数量子化是在 1980 年 2 月 5 日凌晨。那时他正在法国格勒诺勃的强磁场实验室里测量各种样品的霍尔电阻。恩格勒特随他一起来到格勒诺勃，从事二维电子系统的研究。1979 年秋，冯·克利青也来参加。他们拥有一台强达 25T 的磁场设备，比别的地方强得多，得到的霍尔平台也显著得多。他们测量的所有样品都显示有同样的特征，i=4 的平台霍尔电阻都等于 6450Ω，正好是 $h/4e^2$。这个值与材料的具体性质无关，只决定于基本物理常数 h 与 e。

对于这件事，冯·克利青自己曾说过："量子霍尔效应的真谛并不在于发现霍尔电阻曲线上有平台，这种平台在我的硕士生爱伯特 1978 年硕士论文时已发现，只是那时我们不了解平台产生的原因，也没有给出理论解释。我们那时只认为材料中的缺陷严重地影响了霍尔效应。这些结果已经公开发表，大家也都知道，并且大家都能重复。量子霍尔效应的根本发现是这些平台高度是精确地固定的，它们是不以材料、器件的尺寸而转移的，它们只是由基本物理常数 h 和 e 来确定的。"

◆冯·克利青制作的霍尔电阻

严谨的科学艺术品——测量与检测技术

万花筒
良好的科研环境

冯·克利青发现量子霍尔效应的确不是偶然的。他所在的维尔茨堡大学有着非常良好的学术气氛,对他的研究大力支持,正如他自己所说,"这里既没有研究经费方面的困难,也没有来自行政的干扰,因此我们总是把眼光盯在最高目标上"。

当有人问冯·克利青,量子霍尔效应是不是一个偶然的发现?他解释说量子霍尔效应作为一个普遍规律而存在的重大想法是在1980年2月5日凌晨突然闪现出来的,但它是基于长期研究工作之后的一个飞跃。"通过测量大量的不同样品,才第一次可能认识这样一种特殊的规律,而这种平凡重复的测量简直弄得我们感到乏味,我们反复变化样品,变化载流子浓度,将磁场从零扫描到最大……终于我们发现了这样的特殊规律,所以这一结果的取得是长时间努力工作的结果,这些测量的曲线无时不在我的脑子里盘旋着,反复思考着。"

链接——用 h/e^2 做标准电阻

国际上的标准电阻是在巴黎法国国家标准计量局的恒温、恒湿的环境中严格保管的经特殊加工的金属棒。但实际上标准电阻都会随时间推移、环境变化而变化,许多实验室都希望能有自己的精度能够达到百万分之一的标准电阻,量子霍尔效应的发现解决了这一难题。由于量子霍尔电阻的"平台"具有精确的位置和间隔,只和 h/e^2 有关,与材料、器件的形状和尺寸无关,所以,只要有低温和强磁场条件就可以精确测定其阻值,而且不受时空限制。1988年9月,第77届国际计量标准委员会会议

◆电阻是有标准的

与物理学对话

走进诺贝尔奖名人堂

决定：将由量子霍尔效应测得的 h/e^2 之值定义为克利青常数，即 $R_H = 258\ 121.807\Omega$，并建议从1990年1月1日起用它来作电阻单位的标准。

二度垂青——分数霍尔效应

◆劳克林和施特默

量子霍尔效应的另一个重要的进展是崔琦（Daniel Chee Tsui，当时在普林斯顿大学）和施特默（在贝尔实验室工作了20年后于1998年进入哥伦比亚大学）发现了分数量子霍尔效应。这一发现使得崔琦和美国纽约哥伦比亚大学与新泽西州贝尔实验室的施特默以及后来对这一现象作出解释的美国加州斯坦福大学的劳克林获得了1998年的诺贝尔物理学奖。1982年，崔琦在新泽西的默里山的贝尔实验室用半导体GaAs做量子霍尔效应的实验，他用了更低的温度和更强的磁场。他们建立了一个独立的实验环境，用一个量子阱去限制电子成为二维电子气：这是将两种不同的半导体材料夹在一起，一面是GaAs，另一

◆贝尔实验室历史上的诺贝尔奖获得者数量达到13人

面是GaAlAs，这样电子被限制在两种材料的接触面上。下一步，研究人员将电子阱的温度降至绝对温度的0.1度，磁场加到几乎30T（是地球磁场的100万倍），崔琦和施特默惊奇地发现霍尔电阻下一级台阶是克利青的最高记录的3倍。后来，崔琦和施特默又发现了更多的台阶，即量子霍尔效应平台不仅在 f 为整数时被观察到，而且也出现在 f 为一些具有奇分母的分数的情况下，如 $f = 1/3$、$2/5$ 等，因此称为分数量子霍尔效应（FQHE）。

严谨的科学艺术品——测量与检测技术

科技导航

影响深远的发现

分数量子霍尔效应开创一个研究多体现象的新时代,将影响到物理的很多分支。在以后的年代里,一个个激动人心的新实验发现和理论进展不仅把FQHE的研究发展成为凝聚态物理的主流领域,而且也对现代物理许多分支中的新理论发展起了借鉴作用。

FQHE无论在实验上还是在理论上在今天都是很活跃的领域。1989年,人们又发现了"偶分母"的量子霍尔效应,这进一步说明电子在强磁场中的丰富的物理效应。最近几年里,人们新的兴趣集中在分数量子霍尔器件上,接着电子在量子霍尔磁场中的自旋又成为研究领域的主题。

名人介绍——华裔物理学家——崔琦

崔琦(1939年生)华裔美国物理学家,出生于中国河南省宝丰县,1951年在北京读书,次年到香港培正中学就读,1957年香港培正中学毕业,1958年赴美国深造,就读于伊利诺伊州奥古斯塔纳学院。1967年在美国芝加哥大学获物理学博士学位,此后到著名的贝尔实验室工作。1982年起任普林斯顿大学电子工程系教授,主要从事电子材料基本性质等领域的研究,美国国家科学院院士,1984年获巴克莱奖。他因专注于科学而对小事马虎,为人随和,对学生要求非常严格,因在强磁场和超低温实验条件下的电子研究所做的贡献——分数量子霍尔效应而获1998年诺贝尔物理学奖,是继李政道、杨振宁、丁肇中、李远哲、朱棣文之后的第六位华裔诺贝尔奖得主。

◆华裔美国物理学家——崔琦

"科学就在你身边"系列

微观拍案惊奇

——物理的完美与缺陷

19世纪的最后一天,欧洲著名的科学家欢聚一堂。会上,英国著名物理学家W·汤姆孙发表了新年祝词。他在回顾物理学所取得的伟大成就时说,物理大厦已经落成,所剩只是一些修饰工作。同时,他在展望20世纪物理学前景时,却若有所思地讲道,"动力理论肯定了热和光是运动的两种方式,现在,它的美丽而晴朗的天空却被两朵乌云笼罩了","第一朵乌云出现在光的波动理论上","第二朵乌云出现在关于能量均分的麦克斯韦—玻尔兹曼理论上"。

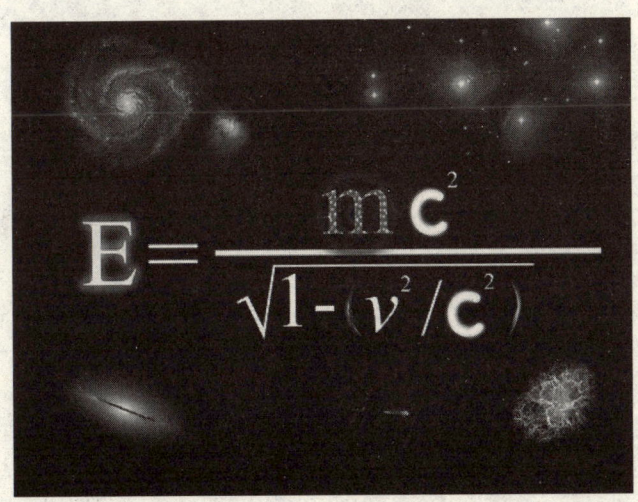

微服的象征者

——细胞的无声与有形

微观拍案惊奇——物理的完美与缺陷

太空中的一朵乌云——量子论的诞生

1900年12月14日，德国物理学家普朗克向柏林物理学会提出了能量子假说，冲击了经典物理学的基本概念，使人类对微观领域的奇特本质有了进一步的认识，对现代物理学的发展产生了重大的革命性的影响。110年过去了，人类进入了更加辉煌灿烂的21世纪，此时我们回顾能量子的诞生过程，来表达对普朗克这位伟大的、正直的、饱经忧患的卓越物理学家无限的崇敬和仰慕之情。

◆量子论冲破了经典理论的束缚

令人困惑的"紫外灾难"

19世纪末，人们用经典物理学解释黑体辐射实验的时候，出现了著名的所谓"紫外灾难"。虽然瑞利、金斯和维恩分别提出了两个公式，企图弄清黑体辐射的规律，但是和实验相比，瑞利—金斯公式只在低频范围符合，而维恩公式只在高频范围符合。普朗克从1896年开始对热辐射进行了系统的研究。他经过几年艰苦努力，终于导出了一个和实验相符的公式。他于1900年10月下旬在《德国物理学会通报》上发表一篇只有三页纸的论文，题目是《论维恩光谱方程

◆1911年诺贝尔物理学奖授予德国乌尔兹堡大学的维恩，以表彰他发现了热辐射定律

走进诺贝尔奖名人堂

◆普朗克被人们尊称为"量子论的奠基人"

的完善》,第一次提出了黑体辐射公式。1900年12月14日在德国物理学会的例会上,普朗克作了《论正常光谱中的能量分布》的报告。在这个报告中,他激动地阐述了自己最惊人的发现。他说,为了从理论上得出正确的辐射公式,必须假定物质辐射(或吸收)的能量不是连续地、而是一份一份地进行的,只能取某个最小数值的整数倍,这个最小数值就叫能量子,辐射频率是 ν 的能量的最小数值 $\varepsilon = h\nu$,这就是著名的能量子假说。其中 h,普朗克当时把它叫做基本作用量子,现在叫做普朗克常数。普朗克常数是现代物理学中最重要的物理常数,它标志着物理学从"经典幼虫"变成"现代蝴蝶"。12月14日这一天,后来被人们认为是量子论的"生日"。由于量子概念随后成了理解原子壳层和原子核一切性能的关键,这一天也被看作原子物理学的生日和自然科学新纪元的开端。当然,提出能量子假说的普朗克也被人们尊称为"量子论的奠基人"。1906年普朗克在《热辐射讲义》一书中,系统地总结了他的工作。能量子假说的提出具有划时代意义,标志了物理学的新纪元,为现代物理学,特别是为量子论的发展奠定了基础。

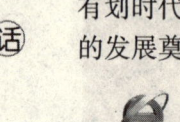

历史趣闻

普朗克的启蒙老师

普朗克走上研究自然科学的道路,在很大程度上应该归功于一个名叫缪勒的中学老师。他听了缪勒讲的一个动人故事:一个建筑工匠花了力气把砖搬到屋顶上,工匠做的功变成能量贮存下来了;一旦砖块因为风化松动掉下来,砸在别人头上能量又会被释放出来……这个能量守恒定律的故事给普朗克留下了终生难忘的印象,不但使他的爱好转向自然科学,而且成为他以后研究工作的基础之一。

量子理论现已成为现代理论和实验的不可缺少的基本理论,普朗克由

微观拍案惊奇——物理的完美与缺陷

于创立了量子理论而获得了1918年诺贝尔物理学奖。

轶闻趣事——倒退的普朗克

1910年，普朗克提出了一个理论，认为发射过程在时间上是不连续的，但吸收则是连续的。这是一次公开的倒退。1914年，他又提出一个理论，干脆撤销了能量子假说，认为发射过程也应假定是连续发生的，这又是一次大倒退。在普朗克犹豫徘徊甚至倒退的时候，量子论却有了很大的发展。1905年，爱因斯坦提出光量子假说，成功地解释了光电效应；1906年，他又将量子理论运用到固体比热问题，获得成功；1912年，玻尔将量子理论引入到原子结构理论中，克服了经典理论解释原子稳定性的困难，建立了他的原子结构模型，取得了原子物理

◆康普顿获得1927年度诺贝尔物理学奖

学划时代的进展；1922年，美国物理学家康普顿采用单个光子和自由电子的简单碰撞理论，对这个效应作出了满意的理论解释。康普顿效应是近代物理学的一大发现，它进一步证实了爱因斯坦的光子理论，揭示出光的二象性，从而导致了近代量子物理学的诞生和发展；另一方面康普顿效应也阐明了电磁辐射与物质相互作用的基本规律。因此，无论从理论或实验上，它都具有极其深远的意义。康普顿通过实验最终使物理学家们确认光量子图景的实在性，从而使量子理论得到科学界的普遍承认。

光电效应与光量子假说

普朗克的量子假说提出后的几年内，并未引起人们的兴趣，爱因斯坦却看到了它的重要性。他赞成能量子假说，并从中得到了重要启示：在现

走进诺贝尔奖名人堂

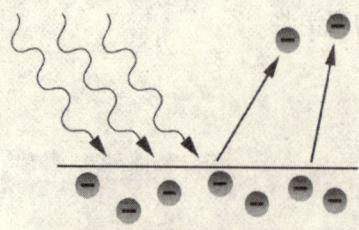

◆光电效应示意图

◆著名物理学家爱因斯坦

有的物理理论中，物体是由一个一个原子组成的，是不连续的，而光（电磁波）却是连续的。在原子的不连续性和光波的连续性之间有深刻的矛盾。为了解释光电效应，1905年爱因斯坦在普朗克能量子假说的基础上提出了光量子假说。

爱因斯坦大胆假设：光和原子、电子一样也具有粒子性，光就是以光速c运动着的粒子流，他称这种粒子为光量子。同普朗克的能量子一样，每个光量子的能量也是$E=h\nu$，根据相对论的质能关系式，每个光子的动量为$p=E/c=h/\lambda$。

光量子假说成功地解释了光电效应。当紫外线这一类的波长较短的光线照射金属表面时，金属中便有电子逸出，这种现象被称为光电效应。它是由赫兹和勒纳德发现的。光电效应的实验表明：微弱的紫光能从金属表面打出电子，而很强的红光却不能打出电子，就是说光电效应的产生只取决于光的频率而与光的强度无关。这个现象用光的波动说是解释不了的。因为光的波动说认为光是一种波，它的能量是连续的，和光波的振幅即强度有关，而和光的频率即颜色无关，如果微弱的紫光能从金属表面打出电子来，则很强的红光应更能打出电子来，而事实却与此相反。利用光量子假说可以圆满地解释光电效应。按照光量子假说，光是由光量子组成的，光的能量是不连续的，每个光量子的能量要达到一定数值才能满足电子的逸出功要求，从金属表面打出电子来。微弱的紫光虽然数目比较少，但是每个光量子的能量却足够大，所以能从金属表面打出电子来；很强的红光，光量子的数目虽然很多，但每个光量子的能量不够大，不足以满足电子的逸出功要求，所以不能打出电子来。

微观拍案惊奇——物理的完美与缺陷

 追忆历史

保守的科学观念

众所周知,爱因斯坦是20世纪最杰出的理论物理学家。爱因斯坦最重要的科学贡献是在1905年创建了狭义相对论。然而在颁发1921年诺贝尔物理学奖时,评委会却只字不提相对论的建立。诺贝尔委员会特别申明,授予爱因斯坦诺贝尔物理学奖不是由于他建立了相对论,而是"为了表彰他在理论物理学上的研究。"

 **小知识——著名的相对论**

19世纪末期是物理学的大变革时期,爱因斯坦从实验事实出发,重新考查了物理学的基本概念,在理论上作出了根本性的突破。他的一些成就大大推动了天文学的发展。他的广义相对论对天体物理学、特别是理论天体物理学有很大的影响。爱因斯坦的狭义相对论成功地揭示了能量与质量之间的关系,解决了长期

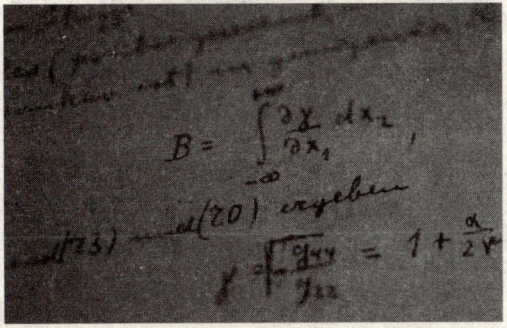

◆爱因斯坦开创性的相对论手稿

存在的恒星能源来源的难题。近年来发现越来越多的高能物理现象,狭义相对论已成为解释这种现象的一种最基本的理论工具。其广义相对论也解决了一个天文学上多年的不解之谜——水星近日点的进动。这是牛顿引力理论无法解释的,并推断出后来被验证了的光线弯曲现象,还成为后来许多天文概念的理论基础。

走进诺贝尔奖名人堂

经典理论的尴尬——原子理论及其实验验证

◆原子结构模型经过了许多科学家的努力才逐渐被人们认识

与物理学对话

N. 玻尔首创了第一个将量子概念应用于原子现象的理论。1911年E. 卢瑟福提出原子核式模型,这一模型与经典物理理论之间存在着尖锐矛盾,原子将不断辐射能量而不可能稳定存在;原子发射连续谱线,而不是实际上的离散谱线。玻尔着眼于原子的稳定性,吸取了M. 普朗克、A. 爱因斯坦的量子概念,于1913年考虑氢原子中电子圆形轨道运动,提出原子结构的玻尔理论。

原子结构模型发展史

一般一个新粒子被发现之后,人们首先会探究它的结构。原子结构的探索经历了很长一个阶段的发展。历史上比较有影响力的原子模型有:道尔顿的原子模型,汤姆孙的葡萄干布丁模型,卢瑟福的有核原子模型,日本物理学家长冈半太郎的土星模型,玻尔的原子模型

◆著名科学家玻尔

等。其中以玻尔的原子模型最为著名。玻尔原子结构模型是在卢瑟福有核原子模型的基础上发展而来的,其基本观点是:

原子中的电子在具有确定半径的圆周轨道上绕原子核运动,不辐射

微观拍案惊奇——物理的完美与缺陷

能量。

在不同轨道上运动的电子具有不同的能量，且能量是量子化的，轨道能量值依 n（1，2，3，…）的增大而升高，n 称为量子数。而不同的轨道则分别被命名为 K（$n=1$）、L（$n=2$）、N（$n=3$）、O（$n=4$）、P（$n=5$）。

当且仅当电子从一个轨道跃迁到另一个轨道时，才会辐射或吸收能量。如果辐射或吸收的能量以光的形式表现并被记录下来，就形成了光谱。

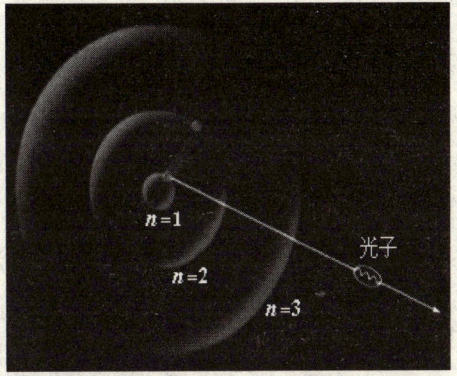

◆玻尔假设

玻尔理论成功地解释了原子的稳定性、大小及氢原子光谱的规律性。玻尔由于研究原子结构和原子辐射的贡献，荣获 1922 年诺贝尔物理学奖。玻尔理论中的定态、量子化、跃迁等概念现在仍然有效，它对量子力学的发展做出了很大贡献。

小知识——夫兰克－赫兹实验

对电子性质的研究使得人们有可能利用它和其他微粒的碰撞和相互作用去探索微观世界的奥秘。1913 年德国人夫兰克和 G. 赫兹通过电子和原子的碰撞证明了原子内部的能量是量子化的。这一开创性工作建立了电子与原子的碰撞规律。而且对于玻尔理论中能量量子化以及电子吸收的能量和发射光频率之间关系给予了直接证明。

◆夫兰克和赫兹

他们的实验方法也成为人们利用电子来研究原子、离子、分子和分子群的有效手段之一。夫兰克和赫兹由此获得了 1925 年诺贝尔物理学奖，这一实验通常称为夫兰克－赫兹实验。

>>>>>>>>>>>>>>>>>>>>>> 走进诺贝尔奖名人堂

波与粒子的争论——波粒二象性

与物理学对话

◆波粒二象性漫画

物质世界是由什么组成的,其最小的组成单元是什么,这些"单元"或"微粒"具有什么特点,一直是古往今来人们十分感兴趣的问题。早在我国战国时期,哲学家公孙权就曾说过:"一尺之棰,日取其半,万世不竭。"人们在不断地"切割木棍"的过程中逐渐进入了微观领域,并用在20世纪建立起来的、被誉为20世纪物理学两大支柱之一的量子力学来反映微观粒子特有的运动规律。微观粒子的波粒二象性就是量子力学中最基本、最重要也是最具创新性的概念之一。对它的理解是一件既让人着迷又略感困惑的事情。

波动力学的引路人——德布罗意

路易斯·德布罗意(Louis de Broglie,1892~1987年)是20世纪伟大的理论物理学家之一,1929年诺贝尔物理学奖得主。在20世纪20年代初,他独创了不朽的物质波理论,在当时尚无实验支持的情况下,大胆地断言所有物质皆具有波粒二象性,从而完成了波和粒子观念的一次伟大综合,为波动力学的建立奠定了基础。

◆物理学家——路易斯·德布罗意

从1922年底到1923年夏,德布罗意一直在深思这个问题:到底可

微观拍案惊奇——物理的完美与缺陷

否将他的光原子所暗示的波粒二象性推广到一般物质,特别是电子之上?这是一个重大而又独创的问题,也是一个从来未被任何实验所揭示的问题,它将关系到一般物质是否都具有波粒二象性这一史无前例的答案。1923年夏末,德布罗意终于跨出了革命性的一步。用他自己的话来讲:"我不能记起它产生的确切日期,但它的确是产生于1923年夏天——那时,我突然有一个想法,即把波粒二象性扩展到物质粒子,特别是电子上去。"

历史趣闻

弃文从理

1909年,德布罗意考入巴黎大学文学院,学习历史,一年以后,年仅18岁的他就获得了历史学位,并因成绩优异而留在文学院任教。然而,也就是在这个时期,一场弃文从理的转折已在他心中酝酿。经历一番激烈的思想斗争之后,德布罗意毅然背叛家道,推脱了指定他去研究法国历史的任务,决定尾随哥哥莫里斯去学习物理。

1924年11月,德布罗意向巴黎大学科学学院提交了博士论文《量子理论研究》。在这篇长达100余页的不朽论文里,他系统整理并完善了物质波理论。年底,当爱因斯坦读完朗之万寄来的德布罗意的博士论文后,他高兴地赞赏道:"序幕的一角被德布罗意揭开了!"

小知识

是什么引导德布罗意在读博士期间就开启了波动力学的大门?是不懈的个人努力、极大的科学兴趣、哥哥的影响和帮助以及独特的治学方法造就了这个波动力学的巨人。

物质波理论的诞生标志着波和粒子概念的一次伟大综合的胜利。不仅如此,它还启发了玻色、爱因斯坦去完成玻色-爱因斯坦量子统计,照亮了薛定谔创立波动力学的道路,激励了狄拉克和约当(P. Jordan)等人去构筑量子场论。

· 185 ·

走进诺贝尔奖名人堂

广角镜——哥哥的榜样作用

德布罗意的哥哥莫里斯·德布罗意是法国著名的X射线物理学家，非常热衷于科学事业，并建立了一个装备精良的私人实验室。莫里斯因关于X射线的卓越实验研究业绩而蜚声物理学界。大战结束后，德布罗意经常抽出部分时间到哥哥的实验室从事X射线的研究。在X射线的实验研究方面德布罗意发表了一系列研究报告，为他在法国物理界赢得了一点名声。但更有意义的东西却在于，他和哥哥通过实验得出的不可避免的结论：X射线既是波又是粒子，即X射线具有波粒双重本质。

物质波的实验验证

◆C.J. 戴维孙和 G.P. 汤姆孙

众所周知，要想证明微观粒子在运动中确实具有波动性，就应该在实验观测中能够看到波的干涉或衍射效应。而按照光学理论，只有当波长等于或略大于干涉或衍射实验中所用的孔或屏的特征尺度时，才能观察到波的干涉或衍射现象。

对于宏观粒子，由于其能量、动量太大，波长极短，难以找到合适的孔或屏，因而观察不到它们的波动性。在德布罗意时代，人们找到了固体中相邻原子平面之间的距离（晶格）作为光栅，其特征尺度约为1埃，而前面提到的电子的德布罗意波波长约为1.2埃，于是观察电子束的干涉或衍射现象有了可能。

◆电子衍射图样

微观拍案惊奇——物理的完美与缺陷

追忆历史

在指导下的成功

戴维孙在贝尔实验室工作,开始时他并没有认识到他的实验的意义,不了解它与物质波有什么联系。德国的物理学家,如弗兰克和玻恩,认识到他的实验可能提供德布罗意波的证据。戴维孙在1926年的一次国际会议上听到这种意见后,才重新设计仪器,自觉寻找电子波的实验证据。

1927 年,C. J. 戴维孙在观察镍单晶表面对能量为 100 电子伏的电子束进行散射时,发现了散射束强度随空间分布的不连续性,即晶体对电子的衍射现象。几乎与此同时,G. P. 汤姆孙用能量为 2 万电子伏的电子束透过多晶薄膜做实验时,也观察到衍射图样。电子衍射的发现证实了 L. V. 德布罗意提出的电子具有波动性的设想,构成了量子力学的实验基础。戴维孙和 G. P. 汤姆孙由于对电子衍射的实验研究,证明了德布罗意的物质波理论,获得了 1937 年诺贝尔物理学奖。

戴维孙和 G. P. 汤姆孙的工作是在独立的情况下完成的,他们实验的方法有很多不同之处。戴维孙的是反射式,靶子的材料用单晶才易于得到清楚的衍射花样;而汤姆孙采用的是透射式,要观察电子束衍射,就只能利用很薄的薄膜。戴维孙在实验中使用的是低速电子,只相当于 50～600V 电压下所获得的速度,称为低能量电子衍射。而汤姆孙所用的电子束为几万伏电压下获得的能量。

万花筒

获诺贝尔奖的父子

布拉格父子:共同荣获 1915 年诺贝尔物理学奖。
汤姆孙父子:分别是 1906 年、1937 年诺贝尔物理学奖得主。
玻尔父子:分别是 1922 年、1975 年诺贝尔物理学奖得主。
西格巴恩父子:分别是 1924 年、1981 年诺贝尔物理学奖得主。

G. P. 汤姆孙生于 1892 年 5 月 3 日,是著名物理学家、诺贝尔物理学奖获得者 J. J. 汤姆孙的儿子。J. J. 汤姆孙因通过气体电传导性的研究,测

走进诺贝尔奖名人堂

出电子的电荷与质量的比值，于1906年获诺贝尔物理学奖。

电子衍射的研究历程，在物理学发展中具有典型意义，值得人们关注。电子衍射实验为很多实验领域特别是在物理和化学领域提供了新的方法和手段。

链接——电子的波动性与电子显微镜

◆ 电子显微镜下的碳纳米管奥巴马画像

电子的波动性的一个直接应用是电子显微镜。按照德布罗意的理论，电子波的波长与电子的动量成反比。用足够高的加速电压产生的高速电子束，其电子波的波长比普通可见光的波长小几个量级。由于波长越短，分辨本领越大，所以电子显微镜的分辨本领比光学显微镜大好几千倍，其放大倍数达10万倍以上。

与物理学对话

微观拍案惊奇——物理的完美与缺陷

群星荟萃的时代——量子力学的创立

与全球经济萧条和纳粹势力当权相比,1933年的诺贝尔奖显得似乎并不重要。但是,许多物理学家仍然关注着来自斯德哥尔摩的消息。1933年11月,瑞典皇家科学院终于公布了表决结果,这些结果使一些人感到高兴,使另一些人感到愤怒,也使许多人感到迷惑。瑞典皇家科学院宣布把1932年遗留下来的诺贝尔物理学奖授予沃纳·海森伯,以表彰他"创立了量子力学,尤其是它的应用导致了氢的同素异形体的发现"。同时决定由薛定谔和狄拉克分享1933年的诺贝尔物理学奖,以表彰他们"发现了原子理论的新的有效形式"。

◆量子力学的明星们

海森伯及其对量子力学的贡献

◆德国物理学家海森伯

德国物理学家海森伯是20世纪最伟大的物理学家之一。他于20世纪20年代创立量子力学的矩阵形式,提出了测不准原理,创建了关于原子核的中子—质子模型,获得了1932年度的诺贝尔物理学奖,对20世纪物理学产生了广泛而深远的影响。

走进诺贝尔奖名人堂

1922年6月，玻尔应邀到哥廷根讲学，索末菲带领他的学生海森伯和泡利一起去听讲。在讲演后的讨论中，海森伯发表的意见引起玻尔的注意，尔后两人一起散步继续讨论。玻尔对这位年轻的学者印象深刻，邀请他和泡利在适当的时候到哥本哈根去作研究，1922年海森伯就去了，开始了他们之间的长期合作。

海森伯出生于德国的维尔茨堡，在慕尼黑长大，父亲是一名普通的希腊语教师。早在中学时，海森伯就已展现出了他的天赋，老师曾评价说：他能看到事物的本质，而不仅仅拘泥于表象和细节。后来，海森伯成为慕尼黑的马克斯米里扬天才基金会成员。"世界只在两件事情上还会想到我：一是我于1941年到哥本哈根拜访过尼尔斯·玻尔，二是我的测不准原理。"这是海森伯经常挂在嘴边的话。的确，由海森伯创立的理论奠定了现代量子物理学的基础，它可通过数学计算将每个物理问题转化成实实在在的、可以测量的量；它阐明了由量子力学解释的理论局限性；它指出某些成双的物理变量，如位置和动量永远是相互影响的，虽可测量，但其有效性不可能同时测出精确值等。他的主要贡献，是帮助科学家更深入地了解世界。

点　击

著名物理学家海森伯曾于1929年访华，旋即被聘为中央研究院物理所名誉研究员，成为中国近代物理学史上第一个获此荣誉的外籍学者。

历　史　趣　闻

不重视实验的海森伯

由于对理论物理的偏爱，海森伯极不重视物理实验。有时在做实验时，他还和泡利在讨论原子物理的理论问题。有一次做测量音叉频率的实验，他们俩又把时间耗费在争论某个学术问题上。快下课了，他们的实验还没有开始做呢。但是，凭着海森伯对音乐天生灵敏的听觉，他俩只用耳朵听了听就算做完了实验。

微观拍案惊奇——物理的完美与缺陷

小知识——测不准原理

"测不准原理"是量子力学的一个基本原理,由德国物理学家海森伯于1927年提出。他在《原子核物理学》一书中提出:"由两个参数:微观粒子的位置和速度,可以确定该微观粒子的运动。不过,任何时候也不可能同时准确地了解这两个参数。任何时候也不可能同时了解:微观粒子处于何处,以多大的速度和向哪个方向运动。后来海森伯还提出,不但坐标和动量,而且方位角和角动量、能量和时间等也都是成对的测不准量。

科学独行客——狄拉克

保罗·狄拉克常被称为是"理论学家中的理论学家"。他害羞、沉默,看似有点冷漠,是一个典型的科学"独行客"。在他研究生涯的后期,当有物理学家打电话给他,想讨论一下其文章中的某个想法时,他会坚决地打断谈话并说"我认为人们应该研究自己的想法",然后挂断电话。

狄拉克出生于英格兰西南部的布里斯托尔,在布里斯托尔大学取得电子工程和数学两个学位之后,1923年考入剑桥大学圣约翰学院当数学系研究生。1925年开始研究量子力学,于1926年在剑桥大学以《量子力学》的论文取得博士学位。1930年选为英国伦敦皇家学会会员。1932年任剑桥大学数学教授。纵观狄拉克的一生,其最出名的工作是发展了由海森伯和薛定谔在1925年所创立的量子力学,当时他只有23岁。

◆保罗·狄拉克

狄拉克在其黄金时期所做的贡献中最主要的可能就是1928年他发表的关于电子的方程。这个同时能与量子力学和狭义相对论相容的方程,一举解释了粒子的自旋和磁矩。3年后,他应用这个方程预见了正电子的存在,

走进诺贝尔奖名人堂

那是在他关于磁单极的开创性论文中顺便谈到的。虽然没有证据显示他鼓励实验物理学家去找寻这种新粒子。这个预言也引起了诺贝尔奖委员会的注意。在1933年11月,就在狄拉克成为剑桥的卢卡逊教授后的第二年,诺贝尔奖委员会宣布他与薛定谔分享那一年的诺贝尔奖;而在1932年此奖授予了海森伯。狄拉克在当时是最年轻的诺贝尔奖得主,这个纪录直到1957年被李政道打破。

链接——量子力学的圣经

◆《量子力学原理》第一版于1930年出版,它一出现就被认为是现代物理的经典著作

狄拉克的《量子力学原理》,一直是该领域的权威性经典名著,甚至有人称之为"量子力学的圣经"。美籍华裔物理学家杨振宁在1991年发表《对称的物理学》一文,提到他对狄拉克的看法:"在量子物理学中,对称概念的存在,我曾把狄拉克这一大胆的、独创性的预言比之为负数的首次引入,负数的引入扩大并改善了我们对于整数的理解,它为整个数学奠定了基础,狄拉克的预言扩大了我们对于场论的理解,奠定了量子电动场论的基础。"杨振宁曾提到狄拉克的文章给人"秋水文章不染尘"的感受,没有任何渣滓,直达深处,直达宇宙的奥秘。1956年狄拉克在莫斯科大学物理系黑板上写了:"一个物理定律必须具有数学美。"

薛定谔创立波动力学

1924年,法国物理学家德布罗意首先提出了物质波理论,即一切微观粒子,像光一样也都具有波粒二象性。在这一理论的基础上,薛定谔于1926年独立地创立了波动力学,提出了薛定谔方程,确定了波函数的变化

微观拍案惊奇——物理的完美与缺陷

规律。这与海森伯等人几乎同时创立的矩阵力学成为量子力学的双胞胎。这些理论现在已成为研究原子、分子等微观粒子的有力工具,并奠定了基本粒子相互作用的理论基础。薛定谔的理论,与海森伯所发展的形式不同,这个理论的数学式子便于实际应用。尽管形式上好像两种完全不同的理论,但是薛定谔能够证明它们在数学上是等价的。薛定谔波动方程提出之后,在微观物理学中得到了广泛的应用。薛定谔的许多科学论著中,以1927年和1928年发表的《波动力学论文集》和《关于波动力学的四次演讲》最为著名。对于固体的比热、统计热力学、原子光谱、镭、时间与空间等方面,他都发表过研究论文。

◆著名物理学家——薛定谔

 **人物志**

沉醉于数学美

薛定谔坚持自然界的可理解性,渴望看到宇宙布局的精髓——和谐。这不仅导致了他把科学的统一视为自己毕生追求的目标,同时也促使了他极为欣赏数学美,始终不渝地追逐着数学美。因为数学美与科学的统一密切相关。

◆薛定谔出现于奥地利1000先令纸币上

1944年,薛定谔还发表了《生命是什么?——活细胞的物理面貌》一书(英文版,1948;中译本,1973)。在此书中,薛定谔试图用热力学、量子力学和化学理论来解释生命的本性,引进了非周期性晶体、负熵、遗传密码、量子跃迁式的突

走进诺贝尔奖名人堂

变等概念。这本书使许多青年物理学家开始注意生命科学中提出的问题，引导人们用物理学、化学方法去研究生命的本性，使薛定谔成了今天蓬勃发展的分子生物学的先驱。

广角镜——薛定谔的猫

"哥本哈根学派"认为，物质在被观测之前，是处于一种不确定的叠加态的。为了反驳这种观点，证实量子力学在宏观层面是不完整的，德国物理学家薛定谔设计出物理学史上最著名的动物：薛定谔的猫。

这是一个思想实验：不透明的箱子里装着一只猫，箱子中另外还有一个原子衰变装置，原子会随机发生衰变，一旦衰变发生，就会激发一系列连锁反应，最终打破箱子里的毒气罐而毒死猫，反之猫则活。在打开箱子观测那一瞬间之前，原子的衰变和猫的死活都处于一种叠加态，只有当打开箱子的一刹那，猫的死活才确定下来。所以，在打开箱子之前，猫既是死的，又是活的。问题是，现实中的猫怎么可能是

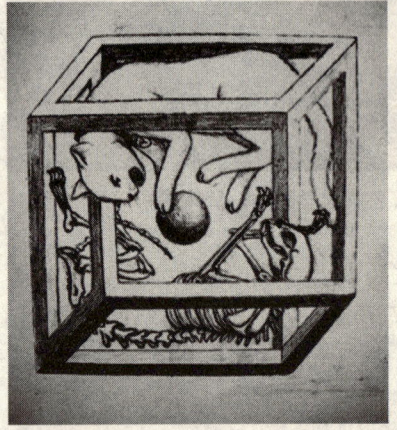

◆漫画家笔下的"薛定谔的猫"，猫真的会处于"既是活的，又是死的"状态吗？

"既死又活"的呢？我们的常识中，猫要么是死的，要么是活的。量子论无法解释现实世界，这成了量子论无数个困惑之谜中最神秘的一点。

"薛定谔的猫"出现之后，物理和哲学界就客观世界和人的意识的决定因素产生了一场大讨论：如果人的观测能决定猫的生死，那是否人的意识也会决定客观世界的走向呢？

微观拍案惊奇——物理的完美与缺陷

超越诺贝尔的成就——个性独特的泡利

1925年对于量子物理学来说是很重要的一年,这一年从泡利(Wolfgang Pauli)在1月宣布了不相容原理开始。这个著名的原理说明了两个完全相同的费米子不可能处在相同的量子状态,首次提供了元素周期表结构的理论基础。一个笨手笨脚的泡利,一进实验室就四处惹祸,想不到他却是一位了不起的理论物理学家。他对物理理论严格和完美的追求,使他赢得了"物理学的良心"的称号。

◆极富个性的泡利

一举成名——泡利不相容原理

1925年,从德国汉堡大学传出一个更令世界物理学界震动的消息。泡利——一个年仅25岁的年轻学者,发现了"泡利不相容原理"。这个原理的简单描述就是,一个原子内不能有一个以上电子具有相同的状态。这个原理被认为是量子力学的主要支柱之一,是自然界的基本定律。泡利也因为这个原理获得1945年的诺贝尔物理学奖。

泡利于1900年出生在维也纳,同年量子力学也因普朗克宣布了能量量子的概念而诞生。泡利在1921年获得博士学位后,先到哥廷根,之后又到哥本哈根,1923年到汉堡大学任职。他第一节课就上元素的周期表,但因当时尚不了解原子壳的结构,所以他很不满意。1913年,玻尔主张电子只可能占用某些量子化的轨道,但又似乎找不到一个原子里的所有电子为什

走进诺贝尔奖名人堂

么不都挤到一个最低能量状态中的理由。就这样对于周期表的结构没有令人信服的解释，加上泡利才刚着手试图去解释异常的塞曼效应（Zeeman effect，电子自旋的结果），使他深信两个问题应该有些关联才对。

人物志

优秀的助手

1921年11月29日，在玻恩从哥廷根致爱因斯坦的信中，玻恩提到，自己的哮喘病又犯了，而且很严重，以至于不能讲课了。在信里玻恩告诉爱因斯坦，泡利在代替他上课而且做得很好，其表现超越了21岁的年龄。玻恩甚至在信中还说："年轻的泡利很令人激动，我不会再找到像他这样优秀的助手了。"

◆泡利和海森伯(中)，费米(右)在一起

1924年末，泡利做了一大突破，他提出了在当时用来解释电子量子状态的三个量子数外，再加入第四个量子数的看法。前三个量子数在物理上有意义，因为它们和围绕原子核的电子运动有关，泡利说他的新量子特性为一个"古典无法解释的双值性"。在提出此主张后不久，泡利立即意会到此看法可能为封闭轨道的问题找到答案了。之后在1925年1月，泡利宣布了不相容原理，说明在一个原子中没有两个电子能处于和四个量子数都完全相同的状态中，每一个电子都必须处于自己独特的状态，不能有其他的可能性。

微观拍案惊奇——物理的完美与缺陷

历史趣闻
"笨手笨脚"的大师

泡利有一次想利用半个小时参观下附近的一个物理实验室。实验室领导早已耳闻他在实验上的"高超能力",如果让他进入,那无异于让实验室历经一场浩劫。然而实验室的领导又迫于他的声望,不敢阻止他,只好让他进去。果不其然,半个小时后他回到车厢里时,那个实验室早已经是硝烟滚滚了,像一个刚战斗过的战场。

在泡利宣布他的不相容原理后的两年间,新的量子力学迅速崛起,海森伯提出了矩阵力学的表述,而薛定谔也基于德布罗意主张物质有波动性质的想法,提出了波动力学。

链接——著名的中微子假说

1931年,泡利提出了一个新粒子——中微子存在的主张,以解决在β衰变中能量不灭所缺少的一部分。当泡利提出中微子假说时,人类知道的基本粒子只有两种:质子和电子;就连中子也还没有发现。在那样的形势下,泡利竟然说除了质子和电子以外还有一种"观察不到"的中性粒子。因此吴健雄在纪念泡利的文章中写道"后世的人们既已看到中微子假说的胜利成功,也许永远不能体会到提出这样一种概念时所需要的胆量和洞察力"。在许多研究有成后,他将往后大部分的岁月用来思考科学的历史与哲学。

>>>>>>>>>>>> 走进诺贝尔奖名人堂

华人的骄傲——守恒是相对的

与物理学对话

◆杨振宁和李政道

1957年诺贝尔物理学奖授予美国新泽西州普林斯顿高等研究所来自中国的杨振宁和美国纽约哥伦比亚大学来自中国的李政道,以表彰他们对所谓宇称定律的透彻研究,这些研究导致了与基本粒子有关的一些重要发现。杨振宁、李政道和吴健雄是中国老百姓耳熟能详的名字,他们的事业巅峰和"宇称"紧紧联系在一起。

宇称不守恒定律的发现与证明

从20世纪50年代起,一个被叫做"θ—τ之谜"的问题越来越引起物理学家的重视。θ和τ作为新发现的介子是从宇宙射线里观察到的。θ和τ究竟是不是同一个粒子呢?如果是同一个粒子,那么为什么会有不同的衰变模式?如果不是同一个粒子,为什么寿命和质量又完全相同?这个问题使物理学家们绞尽了脑汁也未能有合理的解释,成了一个难解之谜。

1956年,李政道和杨振宁在深刻

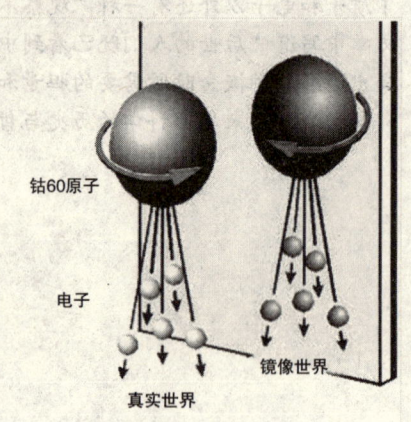

◆宇称不守恒定律示意图

微观拍案惊奇——物理的完美与缺陷

过细地钻研了各种因素之后，勇敢地断言：τ和θ是完整雷同的同一种粒子（起初被称为K介子），但在弱互相作用的环境中，它们的活动法则却不一定完整雷同，艰深地说，这两个相同的粒子如果相互照镜子的话，它们的衰变方法在镜子里和镜子外竟然不一样！用科学语言来说，"θ—τ"粒子在弱互相作用下是宇称不守恒的。

追忆历史

良好的合作关系

杨振宁和李政道的密切分工是他们获得宏大造诣的基本。杨振宁对此回想说：我1948年6月获得芝加哥大学哲学博士学位后，在密执安大学度过了那一年的夏天。秋后，我返回芝加哥大学，被聘为物理系的讲师。我一边教课，一边持续做核物理和场论方面的研究。1948年尾，李政道和我竞争研究衰变及俘获，发现这些相互作用与衰变具备无比类似的强度。

在最后，"θ—τ"粒子只是被作为一个特别例外，人们还是不乐意废弃零体宏观粒子世界的宇称守恒。尔后不久，同为华侨的实验物理学家吴健雄用一个奇妙的实验验证了"宇称不守恒"，从此，"宇称不守恒"才被公认为一条存在广泛意义的基本科学原理。

我们能够用一个相似的例子来阐明问题。假如有两辆互为镜像的汽车，汽车A的司机立在左后方座位上，油门踏板在他的右足邻近；而汽车B的司机则卧在右后方座位上，油门踏板在他的左足左近。现在，汽车A的司机顺时针方向开动点火钥匙，把汽车启动起来，并用右脚踩油门踏板，使得汽车以一定的速度向前驶去；汽车B的司机也做完全一样的动作，只是左右交换一下——他反时针方向开动点火钥匙，用左足踩油门踏板，并且使踏板的歪斜水平与A一致。现在，汽车B将会如何运动呢？

兴许大多数人会认为，两辆汽车应当以完全一样的速度向前行驶。遗憾的是，他们犯了想当然的缺点。吴健雄的实验证明了，在粒子世界里，汽车B将以完全不同的速度行驶，方向也未必分歧！——粒子世界就是这样不堪设想地展示了宇称不守恒。

走进诺贝尔奖名人堂

名人介绍——原子核物理的女王

◆中国的"居里夫人"——吴健雄

在浩渺的星空,有一颗小行星,它的名字叫"吴健雄星",因世界著名物理学家吴健雄的名字而得名。吴健雄生于上海,自小秀丽聪慧,学业出众。1934年,吴健雄赴美深造,得到"原子弹之父"奥本海默的赏识。次年3月,奥本海默推荐她参加美国的最高机密"曼哈顿计划"。吴健雄负责最核心的工作"原子核的分裂反应",解决了链式反应无法延续的重大难题,赢得了1959年诺贝尔奖得主塞格瑞的赞誉。塞格瑞早年游学欧洲,与居里夫人有所过从。他在评论吴健雄时写道:"她的意志力和对工作的投身,使人联想到居里夫人,但她更加入世、优雅和智慧。"她又以雄辩的实验数据验证了"宇称不守恒"理论,打破了爱因斯坦提出的《宇称守恒定律》,吴健雄因此荣获了1978年沃尔夫奖。

冰山一角的收获

——天体的奥秘

    从历史上看，物理学的发展与天文学（特别是天体物理学）的发展是密不可分的。比如万有引力作为物理学的一条基本定律，就直接发源于对天文学的研究。天体物理学是物理学与天文学交叉后形成的一门学科，到现在天体物理学几乎成了天文学的全部，同时也对物理学的发展做出了非常重要的贡献。在1967年天体物理学被正式划入物理学范畴后，到目前为止已有8个年度、15位天体物理学家、11个天体物理项目获得诺贝尔物理学奖。天体物理中关于暗物质、反物质、黑洞、引力波、地外文明等项目正引领着世界科研的重要方向并很可能在将来获得诺贝尔奖。

冰山一角的收获——天体的奥秘

捕捉宇宙中的信息——射电望远镜

我们看到东西并不是因为我们的眼睛发出了光，而是被看到的物体发出了光或反射了光射到我们的眼睛里的缘故。我们看到的星体的光，是在漫长而遥远的宇宙空间穿行了几年、几十年乃至几十几百万年才到达地球被我们看到的。在所有从外层空间涌入的不可见射线中，只有射电波能够通过所谓的射电窗口到达我们的地面。其他射线

◆捕捉来自宇宙的信息

都被大气层挡在了外面。对来自天外的射电波的研究是由杨斯基于20世纪30年代开创的。

天体射电辐射的意外发现

1931年，在美国新泽西州的贝尔实验室里，负责专门搜索和鉴别电话干扰信号的美国人杨斯基发现：有一种每隔23小时56分04秒出现最大值的无线电干扰。经过三年的努力，他终于弄清楚造成无线电通信中的众多干扰噪声中有一个是来自银河系中心的无线电辐射。天文学家把无

◆杨斯基把他的望远镜建造在车轮上

与物理学对话

"科学就在你身边"系列

走进诺贝尔奖名人堂

线电波段称为射电波段。当时他用来采集信号的天线是靠一个木头架子支起的线圈,而这个木头架子则搭在从一辆福特小汽车上卸下的轮子上,可以旋转。

知识库

关于射电天文学的名词解释

射电波:波长最长的电磁辐射,有些射电波的波长长达9千米。对于肉眼来说很微弱或者看不到的物体却可能发射很强的射电波。

射电望远镜:射电天文学的一种基本工具,它通过观测太空中物体发出的射电波以研究这些物体。

射电天文学:研究太空中发射射电波的物体的科学。

与物理学对话

自从杨斯基宣布接收到银河系的射电信号后,美国人 G. 雷伯潜心试制射电望远镜,终于在1937年制造成功。这是一架在第二次世界大战以前全世界独一无二的抛物面型射电望远镜。它的抛物面天线直径为9.45米,在1.87米波长取得了12度的"铅笔形"方向束,并测到了太阳以及其他一些天体发出的无线电波。因此,雷伯被称为是抛物面型射电望远镜的首创者。

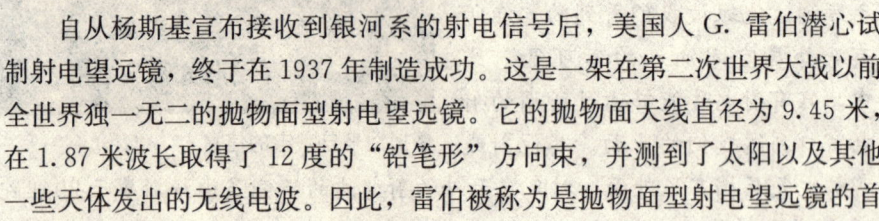

点击——射电望远镜的工作

◆巨大的碟子可不是为电视服务的

射电望远镜与光学望远镜大小不同,它既没有长长的镜筒,也没有大大的物镜和较小的目镜。它有的是一面类似于雷达那样的天线和一台类似于收音机那样的无线电接收机,再加上一台用于记录的计算机。

射电天文学家通过专门设计的望远镜收集来自外层空间的射

冰山一角的收获——天体的奥秘

电波。这些望远镜通常是金属制成的，呈巨大的碟子形状，中央有天线负责收集和聚焦接收到的射电信号。这些信号在被放大几十亿倍后输入计算机中。计算机可以分析这些信号并将它们展示为伪色射电"图"——相当于假如眼睛能够收到射电波时我们所能看到的图像。

综合孔径射电望远镜的发明

马丁·赖尔（1918～1984年），英国天文学家。1918年9月27日生于萨塞克斯郡布赖顿。1939年毕业于牛津大学。第二次世界大战期间在无线电通信研究所设计雷达装置。

1945年到剑桥大学卡文迪什实验室工作。1957年兼任马拉德射电天文台台长，1959年任剑桥大学射电天文学教授，1952年当选为英国皇家学会会员。1972年被任为皇家天文学家。

20世纪40年代中期在剑桥大学卡文迪什实验室工作时，赖尔接受拉特克列夫教授的建议，开始从事射电天文学的开创性研究。拉特克列夫和他的老师阿普顿是卡文迪什实验室在转变时期里最有影响的两位重要人物。开创了卡文迪什实验室的无线电物理学学派。发明双天线射电干涉仪，从而大大提高了射电望远镜的空间分辨率。1948年，提出用"孔径综合"技术来解决在无线电波段上获得高分辨率和高灵敏度射电望远镜的难题。这标志一门新的学科——射电天文学已在卡文迪什实验室率先建立。

◆ 马丁·赖尔

◆ 由4架固定式天线和4架移动式天线组成的剑桥大学5千米基线望远镜

走进诺贝尔奖名人堂

 **点击**

综合孔径射电望远镜的诞生开创了射电天文学的新纪元。因这一重大贡献，赖尔荣获1974年诺贝尔物理学奖。

他领导的射电天文小组用它开展射电巡天探测，1959年刊布了射电源表《剑桥第三星表》（简称3C星表）。20世纪50年代末，他提出综合孔径射电望远镜的设计思想，从而攻克了早期的射电探测无法获得射电源图像这一严重缺陷。

1963年研制成功两天线最大变距为1.6千米的综合孔径射电望远镜；1971年又主持建成了剑桥大学马拉德射电天文台的"五千米阵"。后者绘出的射电天图，已可以与光学照片相媲美。

广角镜——最大的射电望远镜

◆美国阿雷西博305米口径射电望远镜

美国建造了直径达305米的抛物面射电望远镜，它是顺着山坡固定在地表面上的，这是世界上最大的单孔径射电望远镜。它可以接收从6厘米到50厘米的波长。在组成球面天线的金属板下还有行驶小车的通道。这面巨大天线的总接收面积达80 000平方米，能够接收到远在100亿光年之外的天体的射电波。

冰山一角的收获——天体的奥秘

追寻天体的轨迹——脉冲星的发现

人们最早认为恒星是永远不变的。而大多数恒星的变化过程是如此的漫长，人们也根本觉察不到。然而，并不是所有的恒星都那么平静。后来人们发现，有些恒星也很"调皮"，变化多端。于是，就给那些喜欢变化的恒星起了个专门的名字，叫"变星"。脉冲星，就是变星的一种。因为这种星体不断地发出电磁脉冲信号，人们就将其命名为脉冲星。脉冲星是个神奇的世界，其奇异的特性人们还在探索中。

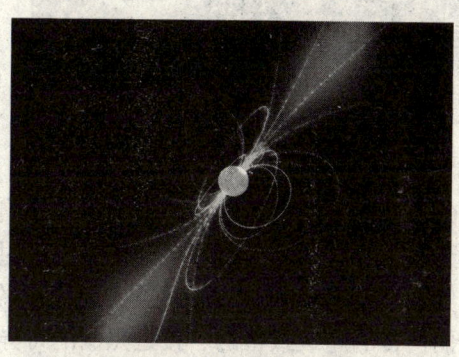

◆带电粒子云沿脉冲星的磁力线运动产生了类似灯塔的伽玛射线束

与物理学对话

休伊什和行星际闪烁

安东尼·休伊什，英国天文学家。1924年5月11日生。1967年，英国剑桥大学新制造了一种射电望远镜，这是一种新型的望远镜——一个长达数千米、缠绕了数百根木棒的线卷，它的作用是观测射电辐射受行星际物质的影响。整个装置不能移动，只能依靠各天区的周日运动进入望远镜的视场而进行逐条扫描。当时休伊什所带的女博士研

◆安东尼·休伊什

"科学就在你身边"系列

走进诺贝尔奖名人堂

◆艺术家笔下一颗脉冲星吸食它的伴星的场景

究生乔瑟琳·贝尔负责观测和记录工作。在观测的过程中，细心的乔瑟琳发现了一系列奇怪的脉冲，这些脉冲的时间间距精确地相等，大约相隔1.33秒。乔瑟琳立刻把这个消息报告给导师休伊什，休伊什认为这是受到了地球上某种电波的影响。但是，第二天，也是同一时间、同一个天区，神秘的脉冲信号再次出现。这一次可以证明，这个奇怪的信号不是来自于地球，它确实是来自天外。但是不久后，乔瑟琳在其他天区又发现了几个有规律的信号。经过几位天文学家半年的努力，终于证实，这是一种新型的还不被人们认识的天体——脉冲星，也就是物理学家们预言的超级致密的、接近黑洞的奇异天体，其半径大约20千米，其密度相当于将所有人类压缩到一枚针尖上，因此具有超强的引力和磁性。乒乓球大小的脉冲星物质相当于地球上一座山的质量。

 科技导航

脉冲星的真实面目

1968年天文学家观测到脉冲星的存在，从而也证实了中子星的存在。一般而言，脉冲星一定是中子星（又称核子星）。脉冲星是高速旋转的中子星，是大质量恒星爆发时残留的致密核心。天文学家已经为差不多1 800颗脉冲星编目了。其中的大多数都是通过射电波段的脉冲发现的，其中的一些也会以其他形式辐射能量束，包括可见光与X射线。

脉冲星的质量是我们太阳的8倍还多，但是巨大的引力压缩使其大小只有20千米左右，可想而知其密度是多么的大。脉冲星的发现引起了天文界极大兴趣，进一步推动了如中子星一类的晚期恒星演化的研究，并为研究高能天体物理学开辟了一条新的途径。脉冲星的发现可与类星体和微波背景辐射的发现并列，是近代天文学的三大发现之一。因发现脉冲星，他和马丁·赖尔共同分享了1974年度诺贝尔物理学奖。赖尔和休伊什是第一

冰山一角的收获——天体的奥秘

次获得诺贝尔物理学奖的天文学家。

广角镜——为贝尔说句公道话

1974年诺贝尔物理学奖桂冠只戴在导师休伊什的头上，完全忽略了学生贝尔的贡献，舆论一片哗然。英国著名天文学家霍伊尔爵士在伦敦《泰晤士报》发表谈话，他认为，贝尔应同休伊什共享诺贝尔奖，并对诺贝尔奖委员会授奖前的调查工作欠周密提出了批评，甚至认为此事件是诺贝尔奖历史上一桩丑闻、性别歧视案。霍伊尔还认为，贝尔的发现是非常重要的，但她的导师竟把这一发现扣压半年，从客观上讲就是一种盗窃。更有学者指出，"贝尔小姐作出的卓越发现，让她的导师休伊什赢得了诺贝尔物理奖"。著名天文学家曼彻斯特和泰勒所著《脉冲星》一书的扉页上写道："献给乔瑟琳·贝尔，没有她的聪明和执著，我们不能获得脉冲星的喜悦。"

◆休伊什和乔瑟琳·贝尔

走进诺贝尔奖名人堂

强大的引力波——脉冲双星和引力辐射

◆脉冲双星是最理想的发现和研究引力波的对象

与物理学对话

第一颗脉冲双星的发现主要是对天体物理学和引力物理学有极大的意义。引力是最早知道的自然力,是我们在日常生活中最熟悉的。同时它在某种意义上也是最难研究的力,因为它比其他三种力:电磁力、强核力和弱核力都弱得多。从第二次世界大战以来,在火箭、人造卫星、空间航行、射电天文学、雷达技术和用原子钟精确计量时间等方面技术与科学的发展,导致了重新研究这一最早知道的自然力。在这一历史性发展中脉冲双星的发现代表了一个重要的里程碑。

脉冲双星的发现

1968年泰勒获得博士学位后,立即投入发现才1年的脉冲星的观测研究,为了搜寻周期更短、距离更远、流量更弱的脉冲星,他筹划了一个技术先进的脉冲星巡天计划。选定了阿雷西博这个世界最大的天线、研制了有消色散能力的接收机和应用计算机来处理观测资料。

◆赫尔斯和小约瑟夫·泰勒

冰山一角的收获——天体的奥秘

执行这一巡天观测的是他的学生赫尔斯，他以惊人的毅力和工作热情顺利完成了140平方度天区的观测和资料处理，在当时脉冲星仅有100颗的情况下，一下子增加了40颗，对脉冲星的观测研究有巨大的促进。特别是发现了第一个脉冲双星系统，更使这一次巡天观测成果身价百倍。

追忆历史

证实引力波的存在

泰勒教授在发现这个双星以后，全力投入到引力波验证的研究中，20多年坚持不懈。他利用世界上最大的305米射电望远镜进行上千次的观测，最后得到的观测值和广义相对论理论预期值的误差仅为0.4%。终于以无可争辩的观测事实，证实了引力波的存在。

这第一个射电脉冲双星非同一般，它是一个轨道椭率很大、轨道周期很短的双中子星系统，可以成为验证引力辐射存在的空间实验室。根据广义相对论理论推算，这个双星系统的引力辐射很强，将导致它的轨道周期发生变化。只要在观测上能测出这个双星轨道周期的变化，就可以对广义相对论预言的引力波是否存在作出判断。

◆PSR J0737－3039A/B 双脉冲星系统

赫尔斯是个研究生，他被当作泰勒的助手派往波多黎各的阿雷西博，用大射电望远镜观测脉冲星，那是当时最好的射电望远镜，也许正是使用了这个望远镜的原因，他发现了一种奇怪的电波，这个时候距离第一颗脉冲星的发现仅仅过了七年，人们对脉冲星的了解还很肤浅，当时赫尔斯还不能立刻确信他所看到的周期变化就是事实，经过反复观测后，他才确定该系统是双体。他把这个消息电告泰勒，泰勒立刻赶往阿雷西博，他们进一步研究后认为这是一个脉冲双星，并且一起确定了双星的周期和两颗天

走进诺贝尔奖名人堂

体之间的距离。于是,第一个脉冲双星系统就这样被发现了,这个发现在1993年被授予诺贝尔奖,于是有关脉冲星的发现就有了两项诺贝尔奖。

链接——神奇的引力波

◆可以把引力波类比于水波

引力波是爱因斯坦在广义相对论中提出的,即物体加速运动时给宇宙时空带来的扰动。通俗地说,可以把它想象成水面上物体运动时产生的水波。虽然从未证实过这种现象的存在,但科学家们比以往任何时候更致力于利用专门设计的装置来寻找引力波。人们在地球上的实验室中建造了许多探测宇宙引力波的仪器装置,可均未捕捉到有关引力波的可靠信号。引力波的探测成为一项为物理学家们牵肠挂肚的重大课题。辐射比较强的引力波源都是天体系统,因此探测引力波也是天体物理学研究的重大课题。任何一种新的理论都需要观测和实验来验证。然而,有关引力波理论的验证让人们等了半个多世纪。

冰山一角的收获——天体的奥秘

宇宙大爆炸的证据——微波背景辐射

来自宇宙空间背景上的各向同性的微波辐射，也称为宇宙背景辐射。宇宙背景辐射的发现在近代天文学上具有非常重要的意义，它给了大爆炸理论一个有力的证据，并且与类星体、脉冲星、星际有机分子一道，并称为20世纪60年代天文学"四大发现"。彭齐亚斯和威尔逊也因发现了宇宙微波背景辐射而获得1978年的诺贝尔物理学奖。

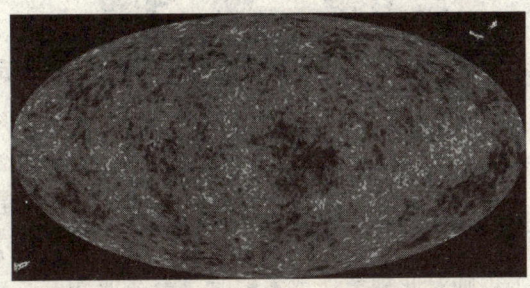

◆宇宙微波背景辐射(又称3K背景辐射)是一种充满整个宇宙的电磁辐射，是宇宙诞生之初大爆炸时期的原始残留物

微波背景辐射的发现史

19世纪以前，人们一直认为，从天上来到人间的唯一信息是天体发出的可见光，从来没有人想到，天体还会送来眼睛看不见的"光"——可见光波段以外的电磁波。不过，到了20世纪60年代，人们已经开始通过大型无线电接收天线（射电望远镜）对宇宙天体发出的电磁波进行观测。

◆阿尔诺·彭齐亚斯和罗伯特·威尔逊

1963年初，美国贝尔实验室的两位研究人员彭齐亚斯和罗伯特·威尔

走进诺贝尔奖名人堂

◆图片中展示的就是"喇叭天线",站在上面的两个人分别是彭齐亚斯和罗伯特·威尔逊,正是他们发现了宇宙微波背景辐射

逊把一台卫星通信接收设备改为射电望远镜,进行射电天文学研究。他们发现,在一一估计了所有噪声源之后,老是有大致相当于 3.5K 的噪声温度得不到解释,也无法消除。更加令人迷惑不解的是,这个残余温度没有方向变化,即所谓的各向同性;也没有周日变化,就是说与太阳无关;也不随季节交替而变化。

是什么原因造成这种 3.5K 的宇宙噪声的呢?正当这两位无线电工程师对此现象迷惑不解时,彭齐亚斯有一次无意中了解到,普林斯顿大学物理系教授迪克等人写过一篇论文,这篇论文根据大爆炸理论预言,在大爆炸后应当留下余热——辐射遗迹。这就好比在寒冷的冬天,我们在屋里生起火炉取暖,即使火炉熄灭了,屋里仍会因为火炉的余热而温暖一段时间。只是大爆炸产生的辐射当初处于可见光和红外波段,由于宇宙膨胀所产生的多普勒红移效应,它的波长发生了红移,落到了比红外线频率更低的微波波段上。所以,时至今日大爆炸应当留 10K 温度的余热,它是波长为 3 厘米的微波辐射。

万花筒

早有预测的背景辐射

早在 1946 年,美国核物理学家伽莫夫就曾提出过一个虚拟的宇宙模型,认为宇宙起源于爆炸,作为大爆炸的遗迹,宇宙间可能存在着一种电磁辐射。1953 年,他估计这种辐射温度可能是 5K,但是因为没有实验证实这一理论的正确性,它一直被看作猜测,他的判断未能引起人们的重视。

冰山一角的收获——天体的奥秘

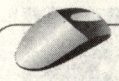

点击

彭齐亚斯和威尔逊的这一发现轰动了全世界，并使宇宙大爆炸理论得到了强有力的支持，还因此而共享了1978年度的诺贝尔物理学奖。

于是，彭齐亚斯和威尔逊赶紧向迪克等发出邀请，请他们到贝尔实验室访问。在经过一系列相互访问和深入研讨后，彭齐亚斯和威尔逊确信，他们所发现的这种消除不掉的微波噪声，正是迪克的研究组根据大爆炸理论所预言并准备寻找的"辐射遗迹"。这是一种宇宙背景辐射，它们蔓延分布在整个宇宙的每个角落。

小知识——威尔金森探测器

大爆炸发生后约38万年，宇宙释放了大量辐射热，这种辐射热称为宇宙微波背景辐射。按照天文学理论，宇宙起源于大爆炸。美宇航局在1992年发射了一艘航天器，对宇宙微波背景辐射的微小变化进行探测。威尔金森微波各向异性探测器发射于2001年，多年来一直在研究宇宙微波背景辐射更为细微的变化，令科学家对大爆炸后宇宙状况

◆威尔金森微波各向异性探测器

有了初步了解。如上图所示，美宇航局在2003年公布了一幅根据威尔金森微波各向异性探测器数据绘制的早期宇宙地图。这些数据证实宇宙已拥有137亿年历史。

回望宇宙的婴儿时代

宇宙起源和命运的线索隐藏在它早期产生的微波背景辐射中。美国科学家约翰·马瑟和乔治·斯穆特凭借他们在宇宙微波背景辐射研究领域取

走进诺贝尔奖名人堂

与物理学对话

◆约翰·马瑟(John C. Mather)和乔治·斯穆特(George F. Smoot)

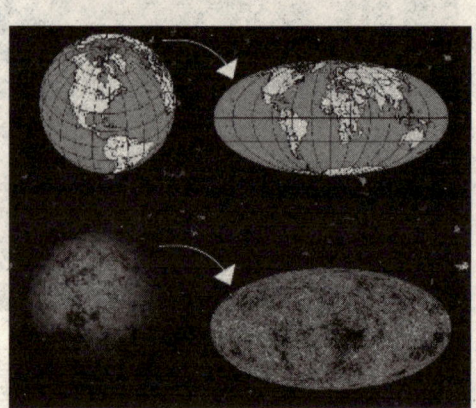

◆威尔金森微波各向异性探测器观测到的宇宙微波背景辐射图，根据该图，科学家们测出宇宙的年龄为137亿年

得的成果，将宇宙学带入"精确研究"时代，并因此荣膺2006年诺贝尔物理学奖。

当前科学界普遍接受的宇宙起源理论认为，宇宙诞生于距今约137亿年前的一次大爆炸。微波背景辐射作为大爆炸的"余烬"，均匀地分布于宇宙空间。测量宇宙中的微波背景辐射，可以"回望"宇宙的"婴儿时代"场景，并了解宇宙中恒星和星系的形成过程。虽然人们在20世纪60年代就已知道微波背景辐射的存在，但针对这种大爆炸"余烬"的测量工作一开始都是在地面上展开，进展十分缓慢。大爆炸理论曾预测，微波背景辐射应该具有黑体辐射特性，但一直未能得到地面观测结果的确认。

冰山一角的收获——天体的奥秘

借助 1989 年发射的 COBE（宇宙背景探测者）卫星，马瑟和斯穆特领导的 1 000 多人研究团队首次完成了对宇宙微波背景辐射的太空观测研究。他们对 COBE 卫星测量结果进行分析计算后发现，宇宙微波背景辐射与黑体辐射非常吻合，从而为大爆炸理论提供了进一步支持。另外，马瑟和斯穆特等还借助 COBE 卫星的测量发现，宇宙微波背景辐射在不同方向上温度有着极其微小的差异，也就是说存在所谓的各向异性。这种微小差异揭示了宇宙中的物质如何积聚成恒星和星系。诺贝尔奖评审委员会提供的材料介绍说，如果没有这样一种机制，那么今天的宇宙很可能完全不是现在这个样子，其中的物质也许像淤泥一样均匀分布。

广角镜——COBE 卫星的全天图

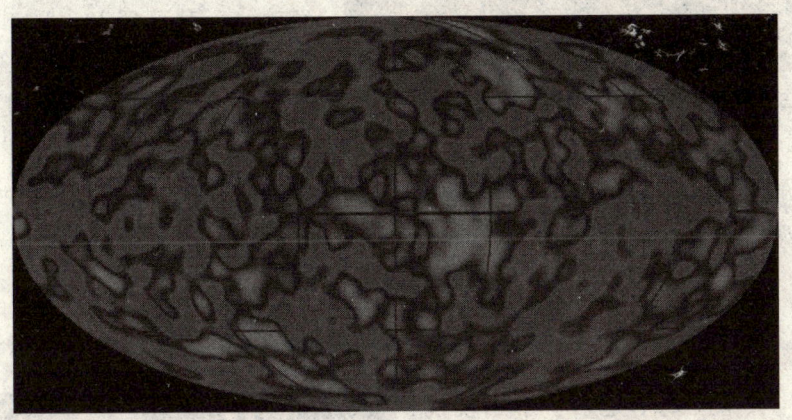

◆COBE 卫星的全天图

COBE 卫星（COBE, Cosmic Background Explorer）于 1989 年 11 月升空。它的升空使人类更进一步探索宇宙，也使大爆炸理论进一步得到证实。这幅历史性的全天图，是根据美国太空总署 1989 年 11 月发射的宇宙背景辐射探测者（COBE）卫星头两年之数据建构出来的。这幅图呈现了初期宇宙所辐射出的宇宙微波背景，上面烙印着微小的温度变异，红色区域的温度略高。这些宇宙背景辐射及其他 COBE 卫星结果的精确测量，催生了精确宇宙论，并明确地证实大爆炸理论的预言。

走进诺贝尔奖名人堂

与物理学对话

太阳的一生——恒星的结构和演化

◆白矮星被认为是一颗恒星的生命终点

恒星与宇宙中的万物一样都有一个诞生、成长、衰老和死亡的演化过程。从星云形成的原始恒星，到主序星，发展到不稳定的红巨星、变星，一直到核燃料殆尽后演变为致密星。白矮星就是天文学家最先发现的一种致密星。观测到的第一颗白矮星是天狼星的伴星，根据它的光度、表面温度和质量，最后推断天狼星的伴星是一颗半径与地球相当、质量与太阳相当的致密星，平均密度比 1 吨/厘米^3 还要高。当时的物理学原理解释不了如此高密度的现象，观测走在理论的前面，推动了物理学的发展。

钱德拉塞卡与白矮星

钱德拉塞卡是第一个用现代物理学的原理研究白矮星的人。当时他还处在大学本科生和研究生阶段。1934年，他根据相对论和量子力学的原理，利用简并电子气体的物态方程，为白矮星的演化过程建立了合理的模型。得

◆钱德拉塞卡（1910～1995年）

出一个恒星理论前所未有的结果：白矮星的质量越大，其半径越小；白矮星的质量不会大于太阳质量的1.4倍；质量更大的恒星必须通过某些形式

冰山一角的收获——天体的奥秘

的质量转化,也许要经过大爆炸,才能最后归宿为白矮星。

这一白矮星理论与爱丁顿从经典物理出发导出的理论格格不入。当时已是国际学术权威的爱丁顿认为钱德拉塞卡的理论"全盘皆错"、"离奇古怪"。钱德拉塞卡的理论遭受封杀,他本人承受了巨大的压力和打击。经过几年的奋斗,这一理论又最终被学术界认可,取得了胜利。到今天已经发现白矮星逾千颗,它们的质量都没有超过1.4倍太阳质量的钱德拉塞卡极限。而且,它们的质量和半径关系完全遵从钱德拉塞卡推算出的理论曲线。

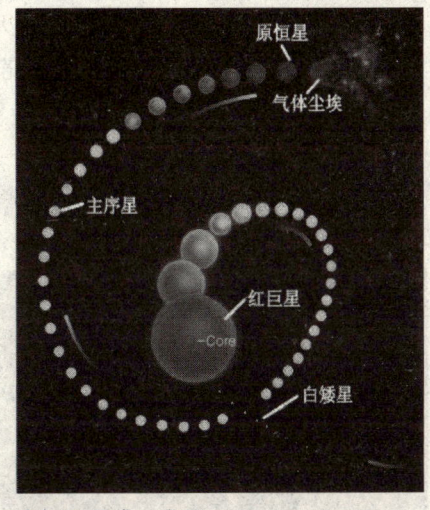
◆恒星形成示意图

在1935年,无论是钱德拉塞卡本人还是其他科学家都还不知道质量超过钱德拉塞卡极限的老年恒星的演化归宿是什么。现已公认,质量比较大的老年恒星最终将演化为密度比白矮星更大的天体——中子星或者黑洞。要不是当时的学术权威爱丁顿极力反对,关于白矮星质量上限的研究的进一步发展就必然要回答超过白矮星质量上限的恒星的归宿。黑洞的许多性质很可能会提前20年甚至30年被人们发现。

知识库

名词解释

星云:宇宙中由气体和尘埃构成的巨大云团。
主序星:成熟并稳定发光的恒星。
红巨星:急剧膨胀并发出红光的即将灭亡的恒星。
白矮星:又小又矮代表着像太阳一类的恒星生命的晚期。

钱德拉塞卡对天体物理学的贡献是全面的,不仅在恒星内部结构理论方面,还在恒星和行星大气的辐射转移理论、星系动力学、等离子体天体

走进诺贝尔奖名人堂

物理学、宇宙磁流体力学和相对论天体物理学等方面都有重要贡献。在他73岁高龄时，他荣获了1983年度诺贝尔物理学奖。

广角镜——最重的无形黑洞

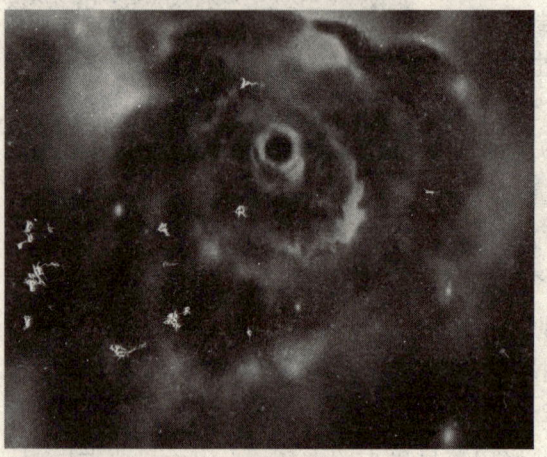

◆最重的无形黑洞——OJ287

OJ287是一个蝎虎座BL型天体，质量是太阳的180亿倍，并且有很长期的观测数据。从1891年就有干版的影像记录，它的光度记录超过了100年的时期，使它成为星系天文学特别精致的一个目标。迄2008年，它的中心仍是被精确测量过质量最巨大的超大质量黑洞，超过早先被认为质量最大黑洞的六倍以上。它距离地球35亿光年。

与物理学对话

冰山一角的收获——天体的奥秘

太空中的法则——宇宙磁流体力学

太阳是唯一将它的面容展现给我们的恒星，被我们观察得非常仔细，成为揭示恒星世界奥秘的一个样板。太阳上时常发生诸如黑子、日珥、耀斑等活动现象，并对地球产生巨大的影响。而太阳上发生的大量活动现象都与太阳是一个具有普遍磁场和比较强的局部磁场的等离子体气体的物理过程有关。

◆宇宙中几乎99%的物质都是等离子体

阿尔文与磁流体力学

阿尔文是第一个指出宇宙中充满磁场和等离子体的学者。1937年在他29岁的时候，首先提出："银河系的星际空间到处都存在磁场。"到20世纪60年代测出银河系磁场的分布之后才最后证实阿尔文的假设。事实上，宇宙中到处都存在着磁场。不久他又提出星际空间充满着等离子体。等离子体是物质的第四种状态，物质变为等离子体状态则是在温度非常高的情况下出现的。可以说，太阳和其他恒星是

◆阿尔文(1908～1995年)

与物理学对话

走进诺贝尔奖名人堂

一个个温度很高的等离子体气体球。星际气体的温度比较低，但其周围的恒星辐射或高速星风作用也会使其电离而成为等离子体。宇宙中几乎99％的物质都是等离子体。

科技导航

到处都是等离子体

天然等离子体就只能存在于远离人群的地方，以闪电、极光的形式为人们所敬畏、所赞叹。由地球表面向外，等离子体是几乎所有可见物质的存在形式，大气外侧的电离层、日地空间的太阳风、太阳日冕、太阳内部、星际空间、星云及星团，毫无例外的都是等离子体。

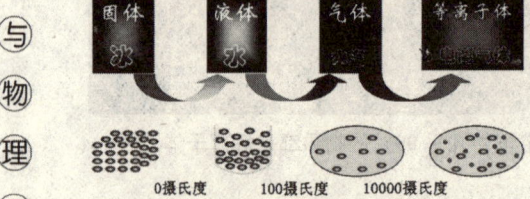

◆等离子体是物质第四态

中性粒子在磁场中不会受任何影响。但是，带电粒子就不一样，它要受到磁场的洛伦兹力的作用，带电粒子的运动又会产生磁场。等离子体是流体就要遵从流体力学的规律，当它在磁场中运动又要遵从电动力学的规律。只用流体力学或只用电动力学都是不能解决像太阳和恒星这样的既有磁场又充满着等离子体的天体上发生的种种现象。阿尔文从事太阳活动区物理的研究促使他研究太阳磁流体力学的新理论。1948年阿尔文出版《宇宙动力学》，1963年又出版《宇宙电动力学》专著，总结了磁流体力学的基本原理和在天体物理学中的应用。他成为这门新兴学科的奠基人，也为此，阿尔文荣获1970年的诺贝尔物理学奖。

阿尔文当时提出的一些关于太阳活动现象的理论模型，后来被证实不太成功，有些学者对他获奖提出一些非议，甚至认为因为他是瑞典人而受到"照顾"。现在看来，他建立起来的磁流体力学已经成为一门严谨的新学科，成为研究宇宙天体的主要理论基础之一。早期一些解释太阳活动现象的理论模型不完善、不成功并不影响他获得诺贝尔物理学奖的殊荣。

冰山一角的收获——天体的奥秘

 **小知识——阿尔文波**

阿尔文最著名的发现是阿尔文波。这一发现是从太阳黑子及太阳黑子周期等特殊问题生长出来的。1942年阿尔文在太阳黑子的理论研究中发现,处在磁场中的导电流体,在一定条件下可以使磁力线像振动的弦那样运动,出现一种磁流体波。现在已经证明,阿尔文波在整个等离子体物理中极为重要。当时电磁理论和流体动力学已经非常完善,但却是相互独立的。而阿尔文认为在太阳黑子中观察到的磁场只能是等离子体本身的电流所引起,这些磁场和电流必然会产生力,从而影响流体运动,反过来又感应出电场。

走进诺贝尔奖名人堂

营养丰富的太空——宇宙化学元素合成

◆宇宙的元素是从何而来？

宇宙中存在的各种各样的物质都是由各种元素组成的。在宇宙中、地球上，甚至人体内存在着大量的元素。通过天文观测，科学家已经弄清楚太阳和其他恒星的元素组成和丰度。就太阳而言，把氢（H）的丰度定为1，则有：氦（He）＝0.38；氧（O）＝0.001；碳（C）＝0.00052；氮（N）＝0.0001……热大爆炸宇宙模型只能给出氢和氦元素，不可能形成其他更重的元素。太阳和恒星上比氦和氢更重的元素是从哪里来的？

宇宙间的元素是从哪里来的？

宇宙间元素的分布规律又与天体的演化态有关。一般说来，在早期形成的星中，金属/氢的比值很小，而年老的星中这个比值则增大，在超新星爆发时，会生成放射性元素，甚至还发现有超铀元素。于是，元素的演化又成了宇宙学家研究的课题，他们先后提出了平衡过程假说、中子俘获假说、聚中子裂变假说等，但都难以圆满解释现有宇宙中元素分布的规律。成功的是1957年提出的恒星中生成元素的

◆美国核物理实验学家福勒

冰山一角的收获——天体的奥秘

假说（简称 B2FH 学说），这个假说也是建立在大爆炸宇宙学的基础上的。

人物志

伟大的福勒

福勒在核天体物理方面发表了 220 多篇论文，内容包括恒星演化过程中的核反应、银河系的年龄、太阳中微子问题，以及引力塌缩、类星体和超新星等。他在核天体物理学界享有极高的威望，几乎与核天体物理是同义词。

B2FH 学说是一篇由 4 位著名的科学家合作完成的论文，他们是英国天文学家霍伊尔、美国天文学家伯比奇夫妇和美国核物理实验学家福勒。按作者姓氏字母顺序是伯比奇、伯比奇、福勒和霍伊尔，因此人们称此论文为 B2FH 元素形成理论。从 1954 年到 1955 年，他们 4 人一起在英国剑桥大学共同完成这篇题为"星体元素的合成法"的论文，于 1956 年在《现代物理评论》期刊上发表。

◆英国天文学家——福雷德·霍伊尔解决了或协助解决了 20 世纪天文学的许多重要问题

这篇论文以基于观测得到的元素丰度曲线为标准，全面阐述了恒星中各种元素形成的理论，解决了在恒星中产生各种天然元素的难题。提出了恒星不同演化阶段相应的八种核反应合成过程，可以形成所有的元素及其同位素。这些元素合成后，由超新星爆发而抛射到宇宙空间，形成了我们所观测到的元素的丰度分布。这个假说认为随着恒星的形成、演化和衰亡的过程，在恒星的核心分阶段地生成了由轻到重的各种元素。

福勒是这篇论文的第三作者，他承担的研究任务是在实验室进行这些核反应实验，以确认理论上推论的恒星上发生的上述 8 种产生各种元素过程的可能性。各种元素合成的核反应过程是否能实现取决于它们的反应速

走进诺贝尔奖名人堂

率、反应截面和反应所要求的温度和压强条件。实验和计算非常繁杂，工作量很大。福勒和他的小组成功地完成了恒星中所有的元素及其同位素生成的将近 100 个核反应过程的反应速率的计算，为 B2FH 理论的建立作出了不可缺少的重要贡献。

福勒获得 1983 年度的诺贝尔物理学奖是当之无愧的。但是，应该指出的是，霍伊尔和伯比奇夫妇对 B2FH 理论的建立也作出了重要贡献，是四个人通力合作的结果。特别是霍伊尔是这一重大研究课题最初的开创者，长期从事这一课题的研究并作出相当大的贡献，至少霍伊尔应该和福勒一起获此殊荣，然而他却无缘此奖，这不能不说是一件憾事。

元素排列有什么规律？

◆俄国科学家门捷列夫

现代化学的元素周期律是 1869 年俄国科学家门捷列夫首创的，他将当时已知的 63 种元素依原子量大小并以表的形式排列，把有相似化学性质的元素放在同一行，就是元素周期表的雏形。利用周期表，门捷列夫成功地预测当时尚未发现的元素（镓、钪、锗）的特性。1913 年英国科学家莫色勒利用阴极射线撞击金属产生 X 射线，发现原子序数越大，X 射线的频率就越高，因此他认为核的正电荷决定了元素的化学性质，并把元素依照核内正电荷（即质子数或原子序）排列，经过多年修订后才成为当代的周期表。

冰山一角的收获——天体的奥秘

挖地三尺的决心——宇宙中微子的捕获

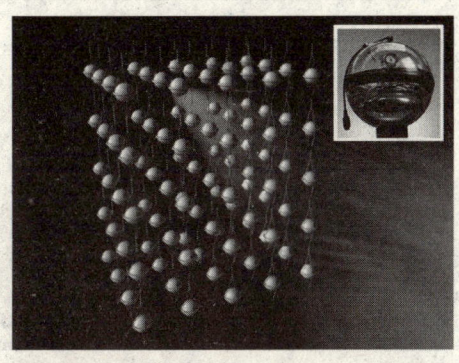

它是核衰变过程中窃走能力的那个"小偷";它可以神不知、鬼不觉地钻入地下;它是一个勇士,能潜身海底、穿越高山、遨游太空、出入于厚硕无比的金属墙,真是所向披靡,它甚至连穿透硕大的地球也不在话下,简直如入无人之境;它还被称为是宇宙间的"隐身人";它是个"狡猾的家伙",很难

◆中微子结构示意图

被捕捉;它的出现,导致了一种新的天文观测手段的产生;它的出现,可能会引起一场通信革命……

一个小小的它为什么能拥有这么多神奇的头衔呢?它,究竟是谁呢?它,就是中微子!让我们一起来看看它是何以如此神通广大的吧!

中微子的探测

中微子是宇宙间的"隐身人",是一种非常小的基本粒子,几乎不与任何物质发生作用,因此尽管每秒有上万亿个中微子穿过我们的身体,但我们很难发现它的踪影。早在1930年著名物理学家泡利(1945年诺贝尔物理学奖获得者)就预言了这种神秘粒子的存在,但科学家用了25年的时间才证实了这一预言。中微子还和太阳有着密切联系。太阳到底靠什么发光?英国科学家爱丁顿根据爱因斯坦的质能互换公式推测,缺少的质量转变成能量释放出来,这就是核聚变,太阳发光靠的就是核聚变。后来科学家预言,在太阳内每聚变形成一个氦原子就会释放出2个中微子。不过当时科学家认为,探测太阳中微子几乎是不可能的。

与物理学对话

"科学就在你身边"系列

走进诺贝尔奖名人堂

小知识

证实这一预言的是美国科学家弗雷德里克·莱因斯,他在20世纪50年代利用一个核反应堆制造出大量中微子。他因此获得1995年诺贝尔物理学奖。

与物理学对话

◆戴维斯和小柴昌俊

◆日本中微子观察站

戴维斯是20世纪50年代唯一一位敢于探测太阳中微子的科学家。后来科学家发现,中微子可能与氯原子核发生反应生成一个氩原子核和一个电子,探测是否生成氩原子核就可证实中微子的存在。但这种可能性非常小,这相当于在整个撒哈拉沙漠中寻找一粒沙子。为了捕获中微子,戴维斯领导并研制了一个新型探测器,它的主体是一个注满615吨四氯乙烯液体的巨桶,埋藏在美国的一个矿井中。在30年的探测中,他共发现了来自太阳的约2 000个中微子,并证实了太阳是靠核聚变提供燃料的。中微子有可能与水中的氢和氧原子核发生反应,产生一个电子,这个电子可引起微弱的闪光,探测这种微弱的闪光就可证实中微子的存在。小柴昌俊在日本领导并研制的另一个中微子探测器利用的就是这一原理。他除了证实太阳中微子的存在外,还在1987年2月23日发现了一处遥远的超新星爆发过程中释放出的中微子。在那次爆发过程中,估计有1亿亿个中微子穿过了探测器,

冰山一角的收获——天体的奥秘

科学家捕获了其中的12个。

广角镜——中微子与暗物质

极小的中微子运动速度极高，可自由穿透任何物质，甚至整个地球，很难被捕找到。但中微子与物质原子和亚原子粒子碰撞时，会把它们撕裂而发出闪光。探测到这种效应就是探测到了中微子。但为了避免地面上的各种因素的干扰，必须把探测装置（如带测量仪器并装有数千吨水的水箱）放在很深（如1 000米）的地下。1981年，一名苏联科学家在试验中发现中微子可能有质量。近几年，日、美科学家进一步证实中微子有质量。

◆暗物质探测器

如果这个结论能得到最后确认，则中微子就是人们寻找的暗物质。寻找暗物质有着重大的科学意义。如中微子确有质量，则宇宙中的物质密度将超过临界值，宇宙将终有一天转而收缩。关于宇宙是继续膨胀还是转而收缩的长久争论将尘埃落定。

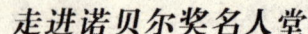

走进诺贝尔奖名人堂

天外神秘来客——宇宙 X 射线源

与物理学对话

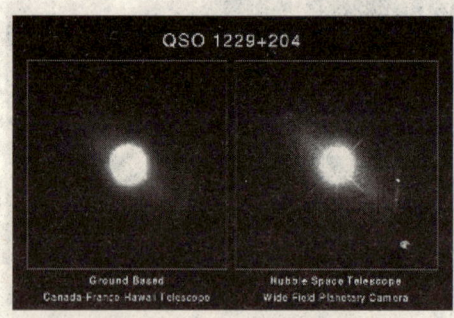

◆距离地球约 100 亿光年的类星体

从 20 世纪 60 年代开始对神秘的宇宙 X 射线来源的追踪，绝对是现代天文学历史上激动人心的一部"大片"。虽然没有生离死别的情节，却最终牵扯出迄今为止宇宙里面发现的最神秘骇人的天体——类星体。追踪 X 射线背景辐射源头的历史临近了最为辉煌的终篇，尽管大量的细节还有待阐明，类星体发射强大 X 射线对于宇宙早期历史的意义，也还和类星体一起隐身于 100 多亿光年的后面，但是一代接一代的天文学家不断把越来越精密灵敏的观测仪器射向太空，我们应该非常乐观地等待着这个谜底的揭晓。

追踪神秘的宇宙 X 射线

二次世界大战后，德国的一批 V-2 火箭被美国缴获，天文学家们于是利用它们来运载天文探测仪器，以便尽量减少大气层对于天文观测的影响，试图发现新的天文现象。果然，在一次搭载 X 射线探测器时，发现太阳炙热而稀薄的最外层，也就是所谓日冕，能够明显地发射 X 射线。而由于 X 射线能够几乎完

◆V-2 火箭

冰山一角的收获——天体的奥秘

全地被大气层吸收,因此在地面无论如何也是无法观测到来自太空的X射线的。

 点击

X射线发现后不久,很快在物理学和医学上得到研究和应用。但是X射线天文学的起步却相对缓慢。

由于很早就知道太阳能够发射X射线,似乎可以把X射线背景解释为所有恒星都以类似太阳的方式发射的X射线的总和,但是简单的计算表明,如果考虑到太阳是银河系的一颗中等偏小的普通恒星,把银河系所有的约1 000亿颗恒星加起来,也远远比我们观测到的X射线亮度要弱得多,以离地球最近的一颗恒星为例,它可能发射到地球的X射线的强度,由于距离遥远的关系,将比太阳所发射到地球的射线弱400亿倍。因此至少可以排除像太阳那样的正常恒星对于宇宙X射线背景的贡献。

◆美国首都华盛顿的大学联合实验中心的贾科尼

1962年6月18日,美籍意大利裔天文学家里卡尔多·贾科尼等人利用Aerobee探空火箭升至150千米的高空,在X射线波段开始了全天范围内的扫描。火箭上带有三个盖革计数器,利用X射线穿透的窗口厚度不同,可以记录下光子的能量,同时利用火箭自身的旋转确定X射线源的方向。这次试验原本是想观测月亮的X射线辐射,但是这个目标没有实现,却在火箭滞空的6分钟里,在距离月亮大约25度的地方,意外地发现了一个很强的X射线源,因为位于天蝎座,命名为天蝎座X—1。后来证实为来自银河系中心的X射线辐射。天蝎座

走进诺贝尔奖名人堂

X-1是人类发现的除太阳以外的第一个宇宙X射线源。这次观测被认为是X射线天文学的开端。贾科尼也因他开创性的贡献获得2002年的诺贝尔物理学奖。

 小知识——蟹状星云早有记载

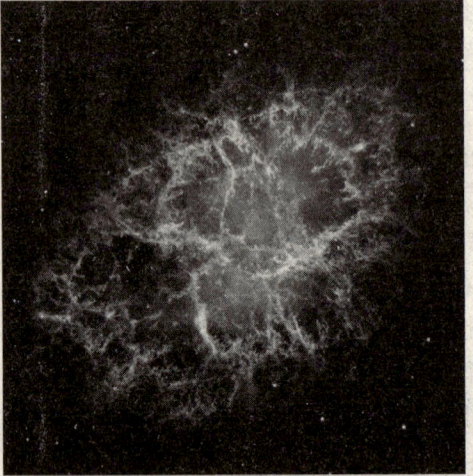

◆蟹状星云是一个超新星残骸,其中心是一颗高速旋转的中子星

1962年贾科尼的小组发现了第一个太阳系外的X射线源。但是由于X射线观测的方向性精度不高,当时还不能确定这个X射线的光学对应体,因而被命名为天蝎座X-1。同时还发现了一个均匀的背景X射线辐射。不久贾科尼的小组又发现了另外两个X射线源,其中一个被证实为是蟹状星云,这是1054年中国宋代天文学家观测记录过的超新星爆发的遗迹。蟹状星云辐射的X射线能量比太阳高出100亿倍。接踵而至的X射线源方面的新发现大大刺激了人们对X射线天文学的兴趣,但有关的观测手段仍有待改进。